北京市社会科学基金项目"基于民生改善和生态文明理念的北京平原造林工程绩效评估研究"（15JGB044）

PHILOSOPHY

人民日报学术文库

基于民生改善和生态文明理念的北京平原造林工程绩效评估研究

王立群　黄杰龙　幸绣程｜著

人民日报出版社

北　京

图书在版编目（CIP）数据

基于民生改善和生态文明理念的北京平原造林工程
绩效评估研究／王立群，黄杰龙，幸绣程著 . —北京：
人民日报出版社，2020.10
ISBN 978 - 7 - 5115 - 6641 - 6

Ⅰ.①基… Ⅱ.①王…②黄…③幸… Ⅲ.①平原—
造林—经济绩效—评估—研究—北京 Ⅳ.①F326.271

中国版本图书馆 CIP 数据核字（2020）第 214130 号

书　　名：基于民生改善和生态文明理念的北京平原造林工程绩效评估研究
　　　　　JIYU MINSHENG GAISHAN HE SHENGTAI WENMING LINIAN DE
　　　　　BEIJING PINGYUAN ZAOLIN GONGCHENG JIXIAO PINGGU YANJIU

著　　者：王立群　黄杰龙　幸绣程

出 版 人：刘华新
责任编辑：万方正
封面设计：中联学林

出版发行：人民日报出版社

社　　址：北京金台西路 2 号
邮政编码：100733
发行热线：（010）65369509　65369846　65363528　65369512
邮购热线：（010）65369530　65363527
编辑热线：（010）65369533
网　　址：www.peopledailypress.com
经　　销：新华书店
印　　刷：三河市华东印刷有限公司
法律顾问：北京科宇律师事务所　　（010）83622312

开　　本：710mm×1000mm　1/16
字　　数：193 千字
印　　张：15
版次印次：2021 年 1 月第 1 版　　2021 年 1 月第 1 次印刷

书　　号：ISBN 978 - 7 - 5115 - 6641 - 6
定　　价：95.00 元

前　言

　　为加快首都生态文明建设，推动首都经济与人口资源环境协调发展，2012年北京启动实施了平原地区百万亩造林生态工程，项目涉及北京各个区县的平原地区，工程结束后，将使北京平原地区新增森林面积100万亩。截至2015年年底，共累计完成平原造林超过105万亩，植树5400多万株，带动全市森林覆盖率提升近4个百分点，全市森林覆盖率由37.6%提高到41%。平原造林工程的投资总额达343.2亿元且每年的养护资金高达28亿元。这一投资额巨大的城市林业生态项目的实施效果和绩效水平成为备受社会各界关注的问题。

　　民生改善和生态文明建设是党的十八大报告中明确提出为实现全面建成小康社会目标提供强有力保障的"五位一体"总布局中的重要内容。在国家十分重视生态文明建设和民生改善的今天，融入民生改善和生态文明理念对北京平原造林工程进行绩效评估十分必要。北京平原造林工程既是城市生态环境建设的重点项目，也是首都的一项重点民生工程，更是通过推进生态文明建设切实改善民生的城市林业建设范例。因此，基于民生改善和生态文明理念进行北京平原造林工程绩效评估研究，对发现和解决工程中存在的问题，保证工程后期建设管理的质量和效果，总结城市林业生态工程建设的经验和教训，改善北京地区的生态环境，提升首都形象具有重要意义；其次，改善民生和生态文明建设都是未来发展的重要任务，因此，基于民生改善和生态文明理念对平原造林工程进行绩效评估研究也将丰富生态工程绩效评估理论和方法，为我国城市开展生态环境治理和建设、实现可持续发展及促进民生改善提供理论和方法借鉴。

研究团队受北京市社会科学基金资助，在对北京平原造林工程重点实施地区——昌平区、延庆区、大兴区、通州区、房山区实地调查基础上，结合平原地区造林工程的实际情况，立足民生改善和生态文明理念，从工程的实施效果、工程所涉及的退耕农户及北京市生态消费者对平原造林工程的满意度等三个维度对平原造林工程进行了绩效评估。在此基础上，本研究还重点探讨了潜在影响工程成果巩固和新一轮平原造林工程实施的两个因素——北京市居民对于平原造林工程的后期维护和其他城市造林工程的支付意愿和支付水平，以及农户参与的行为意向及影响因素，并重点关注农户满意度与农户行为意向之间的关系，研究成果可为后续相关政策制定提供借鉴，为新一轮百万亩平原造林工程的规划与实施提供参考依据，具有重要的现实意义。

本书正是研究团队完成的北京市社会科学基金资助项目"基于民生改善和生态文明理念的北京平原造林工程绩效评估研究"的成果。其主要内容包括六个部分：①北京市平原造林工程基本情况及绩效评价研究进展；②研究框架和理论依据；③北京市平原造林工程实施效果评价；④基于退耕农户满意度的北京市平原造林工程绩效评价；⑤基于北京居民满意度的北京市平原造林工程绩效评价；⑥北京市居民对城市造林工程的支付意愿及农户参与的行为意向及影响因素。本书的其他主要参著者有彭秋原、王旭，其他调查人员和对研究成果有贡献的人员有夏晨、郭柯、李强、陈文汇、姜雪梅。

研究团队衷心感谢北京市社会科学基金对本研究的大力支持！

另外，研究团队在完成调查研究的过程中，特别是在实地调查阶段，得到了北京市园林绿化局，昌平区、延庆区、大兴区、通州区、房山区园林绿化局及林业工作站的领导及有关专家们的热情支持，得到了通州区张家湾镇、房山区石楼镇、大兴区魏善庄镇、延庆区永宁镇、昌平区南口镇等地的领导、乡镇工作人员的大力支持，得到了受访农户和市民的大力配合，在此一并向他们致以最诚挚的谢意！

研究团队也感谢为课题研究成果提出宝贵意见的北京林业大学胡明形教授、张颖教授、侯鹏副教授以及中国人民大学的崔海兴副教授！

同时，也十分感谢研究中所引文献的各位作者！

研究和专著中的错误与不足在所难免，衷心希望广大同仁批评指正，不吝赐教！更希望能与专家学者一起，将这一领域的问题继续深入研究下去，为我国城市生态环境的保护和治理，为促进生态环境与社会经济协调发展提供依据和参考。

著 者

2019 年 6 月 8 日

目　录
CONTENTS

引　言

　　为加快首都生态文明建设，改善北京地区的生态环境，提升首都形象，2012年北京市启动实施了平原地区百万亩造林生态工程，项目涉及北京各个区县的平原地区，工程结束后，将使北京平原地区新增森林面积100万亩。截至2015年年底，造林任务已全面完成并进入林木养护阶段，共累计完成平原造林超过105万亩，植树5400多万株，带动全市森林覆盖率提升近4个百分点，全市森林覆盖率由37.6%提高到41%。平原造林工程的投资总额达343.2亿元且每年的养护资金高达28亿元。这一投资额巨大的城市林业生态项目的实施效果和绩效水平成为备受社会各界关注的问题，需要进行系统地研究。

　　北京平原造林工程是在环境恶化，尤其是近几年雾霾（PM2.5）、极端天气等带来的生态压力情况下开展的，关乎民众福祉和身体健康。推进平原地区造林工程是推动首都生态文明和中国特色世界城市建设的战略举措，是提升城市宜居环境和广大市民生活品质的现实需要，是落实北京城市总体规划、土地利用总体规划和"十二五"规划纲要的具体行动。北京市平原造林工程对改善首都生态环境、保障首都生态安全、提升首都市民生活质量、推动首都生态文明建设都具有十分重要的作用。它既是城市生态环境建设的重点项目，也是首都的一项重点民生工程，更是通过推进生态文明建设切实改善民生的城市林业建设范例。

因此，基于民生改善和生态文明理念进行北京平原造林工程绩效评估研究，对发现和解决工程中存在的问题，保证工程后期建设质量和效果，总结城市林业生态工程建设的经验和教训，改善北京地区的生态环境，提升首都形象具有重要意义；其次，生态环境和民生改善都是国家未来几年的重要建设任务，而生态工程是世界各国治理生态环境的重要途径，因此，该研究也将丰富生态工程绩效评估理论和方法，为我国城市开展生态环境治理和建设、实现可持续发展及促进民生改善提供理论和方法借鉴。

基于此，本研究结合北京平原造林工程的实际情况，立足民生改善和生态文明理念，试图从工程的实施效果、工程所涉及的退耕农户及北京市生态消费者对平原造林工程的满意度等三个维度对平原造林工程进行绩效评估。对工程的实施效果进行评估是总体绩效评估的重要内容，有助于评估工程的成本效益，发现和总结工程存在的经验和不足，为后续养护和确保工程的可持续性经营与利用提供借鉴参考；退耕农户是工程的直接相关利益者，居民是直接受益者和终端消费者，站在农户和生态消费者满意度的角度对工程进行绩效评价，有助于从侧面反映出工程的实施效果，对工程在民生改善和生态文明建设效果方面既是考核也是参考，对提升工程管理水平、促进发挥工程可持续性效益意义重大。

另外，平原造林后续养护工作是平原造林成果得到有效巩固，生态、社会和经济效益持续发挥的重要保证，新一轮百万亩平原造林工程也在规划与实施中，因此，本研究在对北京平原造林工程进行绩效评价基础上，关注并重点探讨北京市居民对城市造林工程是否有支付意愿及影响因素，农户参与平原造林工程的行为意向如何，受到哪些因素影响，并重点关注农户满意度与农户行为意向之间的关系，这不仅对完善和制定后续政策以有效巩固工程成果具有重要的现实意义，也可为新一轮百万亩平原造林工程的规划与实施提供参考依据，具有重要的参考价值。

第一章

北京市平原造林工程基本情况
及绩效评价研究进展

第一节　北京市平原造林工程的基本情况

2012 年北京市提出要利用 3 ～ 4 年的时间在北京市平原地区新造林百万亩的建设目标，截至 2015 年年底，工程全面完工，实际造林面积超过规划目标。工程完成后较大幅度地增加了北京市森林资源数量、优化了森林分布格局和提升了北京市的生物多样性，基本达到工程规划的预期目标。其具体体现在：

（1）增加生态资源数量

截至 2015 年年底，累计完成平原造林超过 105 万亩，植树 5400 多万株，超额完成了规划任务。平原地区森林覆盖率由工程实施前的 14.85% 提高到 25.6%，增加了 10.75 个百分点；带动全市森林覆盖率提升近 4 个百分点，全市森林覆盖率由 37.6% 提高到 41%，使平原与山区森林覆盖率差距缩小了 10 个百分点，优化了区域内的生态空间结构，提升了城市生态承载能力，完善了首都生态空间布局。在工程建设中，主要完成了以下四个方面工作。

一是围绕落实"两环、三带、九楔、多廊"空间规划加大造林力度，新增森林 83.9 万亩，新增万亩以上绿色板块 23 处、千亩以上大片森林 210 处，对 50 多条重点道路、河道绿化带进行了加宽加厚，显著扩大了环境容量和生态空间。

二是围绕疏解非首都功能和改善城乡环境加大造林力度，在城乡接合部和绿化隔离地区共拆除违法违规建筑 1735 万平方米，新增城市景观生态林 22.3 万亩，显著改善了海淀唐家岭、丰台槐房、朝阳金盏、昌平北七家、通州宋庄等城乡接合部地区环境脏乱差的状况。

三是围绕重点区域生态修复和环境治理加大造林力度，充分利用腾退建设用地、废弃砂石坑、河滩地沙荒地、坑塘藕地、污染地，实施生态修复 36.4 万亩；结合中小河道治理和农业结构调整，恢复建设森林湿地 5.3 万亩，五大风沙危害区得到彻底治理，永定河沿线形成 14 万亩的绿色发展带，昌平西部沙坑煤场、怀柔潮白河大沙坑、燕山石化污染地变成了优美的森林景观。

四是围绕提高市民绿色福祉加大造林力度。在新城、城市重点功能区、重点村镇周边，建成了东郊森林公园、青龙湖森林公园、蔡家河"九曲花溪、多彩森林"等 18 个特色公园和 500 多处休闲绿地，为市民提供了更多的生态休闲空间。

（2）优化森林分布格局

林地斑块数量和面积以及各地区各林地变化情况能够直接反映平原造林工程在改善和优化北京市森林分布格局方面的作用。

林地斑块数量和面积。2009 年北京市共有林地斑块数量 32201 个，以百亩以下林地与百亩至千亩林地居多。其中，百亩以下林地斑块占了总林地斑块数的 56.41%，但是面积仅占了所有林地面积的 3.89%；千亩至万亩以上林地虽然为数不多，但是分别占了林地总面积的 32.96% 和 38.22%。百万亩平原造林工程实施后，2014 年北京市共有林地斑块

48629 个，林地斑块数量仍以百亩以下和百亩至千亩林地居多，但从表
1-1 中可以看出，与 2009 年相比，2014 年百亩以下林地数量占林地斑
块总数的 67%，增幅超过 10 个百分点，林地面积占林地总面积的
4.79%，面积所占比例增加幅度不大；百亩至千亩林地斑块数占
28.33%，其数量在林地斑块中的比重有所下降，但面积比例却提升了，
达到 26.72%；千亩至万亩林地与万亩以上林地仍然占了林地总面积的
较大比重，分别为 32% 和 36.49%，较 2009 年略有下降。

总体而言，平原造林工程使得北京市林地斑块数量显著增加，不
同面积林地斑块比重趋向协调化。但是值得注意的是，在北京市域林
地生态资源中，百亩以下林地占了林地总量的较大多数，其生态功能
相对薄弱，生态平衡能力较差；而且随着城市的不断发展扩大，城市
建设用地不断向外扩张，城市林业生态用地和城市发展用地之间的矛
盾日益突出，城市能够用于林业生态发展的用地将更加细碎化，这些
都将为今后北京市森林资源增加与保护带来难题。

表 1-1　北京市平原地区林地分级数量及面积

林地面积分级（亩）	2009 年		2014 年	
	数量（块）	面积（亩）	数量（块）	面积（亩）
小于 100	18163	599897.98	32569	776411.93
100~1000（包括 100）	11839	3841666.15	13770	4333502.97
1000~10000（包括 1000）	2064	5078964.58	2131	5189421.59
10000 以上	135	5890776.60	158	5917198.90
合　计	32201	15411305.31	48628	16216535.39

数据来源：北京市园林绿化局。

各地区造林地变化情况。根据北京市园林绿化局提供的《北京市
平原造林工程 2012—2015 计划任务完成情况统计表》可知，2012 年北

京市各区共实施了 25.5 万亩的造林任务；2013 年共实施了 36.89 万亩的造林任务；2014 年共完成了 37.88 万亩的造林任务；2015 年共完成了 11.32 万亩的造林任务。

其中，2012 年北京市平原造林工程涉及除东城区和西城区以外的 14 个区。通州、大兴、顺义、昌平、房山为重点区域，造林面积分别为 50000 亩、32370 亩、35518 亩、35000 亩和 25041 亩，共占 2012 年造林总面积的 72.56%，其中通州造林面积最大，占 2012 年造林总面积的 19.57%，石景山造林面积最小，为 281 亩，占 2012 年造林总面积的 0.1%。

2013 年北京市平原造林面积涉及除东城区、西城区及石景山区以外的 13 个区。通州、大兴、房山、昌平、顺义为重点区域，造林面积分别为 67000 亩、57413.1 亩、50308.3 亩、45386 亩和 48385.2 亩，共占 2013 年造林总面积的 74.43%，其中通州造林面积仍然最大，占 2013 年造林面积的 18.24%，门头沟造林面积最少，为 200 亩，占 2013 年造林面积的 0.05%。

2014 年北京市平原造林面积涉及除东城区、西城区及石景山区以外的 13 个区。顺义、大兴、房山、通州和延庆为重点区域，造林面积分别为 74769.7 亩、65330 亩、63037.25 亩、60509.4 亩和 25435 亩，共占 2014 年造林总面积的 77.86%，其中顺义造林面积最大，占 2014 年造林面积的 19.22%，门头沟造林面积最少，为 1718 亩，占 2014 年造林面积的 0.44%。

2015 年北京市平原造林面积涉及除东城区、西城区、门头沟及石景山区以外的 12 个区。大兴、通州、顺义和房山为重点区域，造林面积分别为 39557.6 亩、13817.6 亩、20234 亩、12962 亩，共占 2015 年造林总面积的 76.51%，其中大兴造林面积最大，占 2015 年造林面积的 34.96%，丰台造林面积最少，为 1050 亩，占 2015 年造林面积的 0.93%。

综上所述，从造林面积来看，在 2012—2015 年北京市平原造林工程中，大兴区共造林 197818.70 亩，面积最大，位居第一，占总造林面积的 17.86%；通州共造林面积 191327 亩，位居第二，占造林总面积的 17.27%；顺义共造林 180658.90 亩，占总造林面积的 16.31%；而石景山造林面积最小，仅 281 亩，占总造林面积的 0.02%。

在四年的时间里，大兴、通州和顺义等 14 个区按照各地区实际情况分别完成了不同数量、不同面积和不同树种比例的造林任务，显著增加了各地区的森林资源。平原造林工程使得北京市林地斑块数量显著增加，森林分布格局也进一步得到优化。

（3）提升生物多样性

生物多样性是指在一定时间和一定地区内所有生物（动物、植物、微生物）物种及其遗传变异和生态系统的复杂性总称。平原造林工程的大面积植林显著增加了不同树种的数量、改变了不同树种的比例，必然会促使森林内动物数量和品种的增加，提升生物多样性。其具体表现如下：

树种使用量。根据北京市平原造林办的有关统计，工程种植 10 万株以上的乔木树种有 27 种，其中常绿、针叶树种 5 种。

乔灌比例。平原造林使用乔灌木 176 种，约 1530 万株；其中乔木 77 种，约 1248 万株；灌木 99 种，约 282 万株。工程中乔灌木种植量比例为 8.1∶1.9。工程完工后，北京市平原地区乔灌木比例达到 5.7∶4.3。

针阔比例。平原造林使用主要落叶乔木 65 种 954 万株，阔叶灌木 95 种 278 万株；针叶乔木 12 种约 293 万株，针叶灌木 4 种约 4 万株。针阔比例为 2.3∶7.7，与 2010 年《北京市第七次城市园林绿化普查调查报告》中的乔木针阔比例 2.7∶7.3 基本持平，但是总体上低于平原造林 3∶7 的工程设计标准。

乡土树种比例。平原造林绿化共使用乔灌木种类176种，乡土树种使用162种。据2014年平原造林数据统计，共栽植树木约1530万株，其中乡土树种1388万株，占全部种植量的91%。在乡土树种中，乔木树种67种，约1112万株，占乔木种植总量的89%；灌木树种95种，约276万株，占种植总数的98%。乡土与外来树种种植比例约为9∶1。

蜜源树种。平原造林使用蜜源树种62种，约1000万株。其中乔木17种，约946万株；灌木25种，约240万株；地被20种，7822178平方米，约合11732亩。按照工程面积平均，蜜源植物密度是20.37株/亩，使用最多的是顺义、大兴、房山和通州生态片林，均超过200万株。

鸟类栖息地。目前北京市共有鸟类340种（根据北京市观鸟会2014年最新调查数据），平原造林使用的主要栖鸟树种有18种1500万株。按照目前北京市鸟类分布特点、密度和喜居绿地类型，预计可以形成百亩以上块状鸟类栖息地1900多处，千亩以上块状鸟类栖息地200多处，廊道型鸟类栖息地3处，可为北京现有纪录的340多种鸟类提供栖息环境，逐步形成鸟语花香的城市环境。

第二节　林业生态工程绩效评估的研究进展

一、林业生态工程绩效评估的内涵与目标

林业生态工程作为生态工程的一个分支，是根据生态学、林学、生态控制论原理，设计、建设与调控木本植物为主的一个人工复合生态系统的工程技术，其目的在于保护、改善和持续利用森林资源和环境，提

高人们的生产、生活和生存质量，促进国民经济发展和社会全面进步。

21 世纪之初，我国从国民经济和社会发展对林业的客观需求出发，围绕新时期林业建设的总目标，对以往实施的林业重点工程进行了系统整合，相继实施了天然林保护工程、退耕还林工程、三北防护林工程等重点防护林建设工程、京津风沙源治理工程、野生动植物保护和自然保护区建设工程、重点地区速生丰产林基地建设工程等六大林业生态工程。这是我国林业生产布局的一次重大战略调整，六大工程的布局和实施对中国生态建设起到巨大的推动作用，带动了中国林业的跨越式发展。

林业生态工程在水土保持、防治荒漠化和沙漠化的扩大、缓解水资源危机、改善大气质量、保护生物多样性、减少噪声污染、资源保护、国土绿化、湿地保护和商品林基地建设等各个领域都发挥着重要作用，对其进行绩效评估具有重要现实意义。林业生态工程的绩效评估主要是对林业生态工程的综合效益进行系统、客观的分析和评价，以确定工程的实施所体现出的综合效益、综合效益的持续性以及发挥能力的大小等。从微观角度看，它是对单个林业生态工程的分析评价；从宏观角度看，它是对整个社会经济活动情况进行评价和反思。一般而言，林业生态工程的综合评价主要包括生态效益、经济效益和社会效益三方面内容。

二、林业生态工程绩效评估的内容和方法

自 1992 年联合国环境与发展大会之后，人们对森林持续利用和效益评价的标准和指标体系已展开了国际性的广泛研讨和协调活动。而国内对森林生态效益的评价和指标体系研究尚处于探索和完善阶段，对森林综合效益定量研究取得了一定的成果，但尚不系统。另外，自六大林业生态工程实施以来，不少学者针对其建设特点，分别提出了不同的评

价体系和评价方法。其具体内容和方法主要包括：

（1）森林生态系统服务价值和生态效益评估研究。国内学者关于森林生态系统效益评估方面的研究大致划分为三个阶段。第一阶段的起始时间为1980—1989年。其间，林业部门关于"森林生态系统综合效益的计量评估研究"重大课题的开展，直接推动了森林生态系统服务价值的效益计量评估工作的大范围开展（张建国，1980；廖士义等，1983），同时也有学者对森林发挥的社会效益进行计量研究（李周，1984）；第二阶段为1990—2000年。在此期间，国内学术界逐渐开始关注森林生态系统的效益计量及其评估方法，其研究成果数量也呈直线增长（高兆蔚，1992；张建国，1994；苑金玲，1998）。另外，学者们也开展了对不同区域特征的生态系统服务类型效益的案例研究（欧阳志云等，1999；薛达元等，1999）。在评估方法方面，除了一些传统的效益计量方法，有学者尝试采用能值法对森林生态系统的综合效益进行计量（倪维秋，2017）；第三阶段为2001年至今。科斯坦萨（Costanza）将生态系统服务功能逐项分类和全面评估的研究方法，为中国的研究者们进行森林生态服务价值计量提供了全新的思路，从而引发了森林生态系统服务价值计量的热潮（张颖，2001；赵同谦，欧阳志云等，2004；李长胜等，2005）。此间的学术研究成果数量也呈指数增长，标志着我国森林生态系统效益计量研究进入了快速发展阶段。

（2）林业生态工程绩效评估的内容。20世纪60年代末和70年代初，联合国粮农组织和世界银行提出应在林业项目评估中进行绩效分析（何尤刚，2008）。近些年来，我国实施的一些林业外援项目和国家项目也逐步开始进行绩效评价，并于1993年系统提出了适合我国国情的林业建设工程项目的综合绩效评价指标体系和方法，主要对工程的社会经济贡献、合理利用自然资源、自然与生态环境影响以及社会影响四个方面开展绩效评估。伴随着我国六大林业重点工程的全面实施，对林业生态工程的效果评估研究呈现出快速增长的趋势，评估的主要内容主要围绕工程产生的环境、经济和社会等三个方面的影响及其综合绩效水平，但不同林业生态工程在这三个方面的侧重点有所不同。

（3）林业生态工程绩效评估的方法。近年来，学术界对林业生态工程绩效评估进行了广泛深入的研究，探索并延伸出了丰富的绩效评估方法体系。总结学者对于林业生态工程绩效评价的过程可以发现，通过建立绩效评价指标体系，对各指标进行描述测算，并采取一定的指标赋权方法，最后采用某一种评价方法对其进行绩效评价是进行林业生态工程绩效评价常见的过程与方法。由于不同林业生态工程的侧重点不同，因此评价依据各不相同，但是常见的主要赋权方法主要可以分为主观赋权、客观赋权和组合赋权等三种。其中主观赋权方法有专家评判法（德尔菲法）、层次分析法；客观赋权方法有变异系数法、熵权法和主成分分析法等；组合赋权即将主客观赋权方法进行组合使用，权重的组合赋权方法归纳起来有乘法合成和线性加权两种方法。另外，还有采用重置成本法、多元线性模型、恢复费用法、标准分方法、综合对比法、随机抽样调查与统计数据结合、定性分析和定量分析相结合等多种方法对林业生态工程进行绩效评价方法，具体使用范围和过程根据所要研究的对象和目的进行具体选择。

第三节　北京平原造林工程绩效评估的研究进展

北京市平原造林工程于 2015 年年底宣告完成。平原造林工程意义重大且深远，工程从规划实施到完工进入养护阶段都吸引了不少学者的关注。对当前的研究成果进行梳理可以发现，已有研究主要集聚在以下几个方面：

一是平原造林工程的重要性和战略探讨。王成（2012）认为北京市平原造林工程具有重要的战略意义。一是有效提高北京生态基础设施，促进世界城市建设；二是有效缓解平原地区热岛效应，优化城市发展格局；三是有效增加东南部森林资源，改善平原地区人居环境。

二是对工程的造林效果进行评价和总结。乔永强等（2014）对北京市大兴区青云店平原造林项目从管理层面和技术层面进行了总结，针对平原造林工程中存在的一些问题进行了讨论，并从管理层面、技术层面以及管理与技术的协调层面对保证造林进度、提升造林质量提出相应对策建议。聂永国（2016）以延庆的造林效果为例，认为延庆区在平原地区实施了大规模的工程造林，效果十分明显，产生了巨大的生态、经济和社会效益。但由于造林的面积大，要求时间短，在规划设计、造林施工等一些环节中也存在不足。比如没有真正做到"适地适树"、单一树种在一个地块中，设计数量过多、路边树种选择不当、对引进的新树种盲目栽植、施工养护措施不科学，造成林木经济损失等。

三是对造林工程的管护措施和效果进行分析评价。林大影（2016）发现尽管管护工作初见成效，但也存在管理机构不健全、管护资金配套不到位、监督考核指标不完善、全程监管有待实现、专业管护力量弱、管护技术手段有待增强等方面的不足。焦宏（2013）认为造林容易养护难，为保证造林完成后的林木的可持续保护，应根据林区状态，在有条件的地区开展林下经济开发活动。发展林下经济不仅能有效地推进生态、经济、社会的协调发展，还能为林区百姓增收致富开辟渠道，同时充分利用林下闲置的空间发展养殖业，解决养殖用地与种植业争地的矛盾，从而节约大量土地。

四是对造林工程的生态效益进行测算分析。贾宝全等（2017）利用卫星影像数据，通过定量遥感手段反演了北京市平原区的地表亮温，并以造林地斑块的 GIS 数据为基础，对造林工程的降温效应进行了分析，认为平原区大造林工程的降温效益达到了 4.8882×10^8 元，其中林地本身的降温效应占到了 53.73%，林地外围辐射降温的效益占到了 46.38%。唐秀美（2016）采用影子工程法、机会成本法和替代成本法等方法，对北京市百万亩的平原造林生态系统服务价值进行评估。结果表明，北京市平原造林生态系统服务的价值为 325.89 亿元，各生态服务功能的重要性由大到小依次为调节气候功能、净化空气功能、固碳释氧功能、降低噪声功能、固土保肥功能、涵养水源功能。

但是对平原造林工程的总体绩效进行评价的研究成果相对不足，这和工程完工时间尚短的原因有关。目前只有冯雪等（2016）采用灰色统计法和专家决策信息建立了具有 24 项标准层指标的评价体系，对北京平原百万亩造林工程建设效果进行了综合评价，认为环境指标最为重要，权重为 0.4614；美学指标的权重最低，仅为 0.1152。评价总得分为 72.38 分，并认为这一得分与造林时间较短的客观实际基本吻合。

第四节　满意度及影响因素研究综述

如前所述，退耕农户和作为生态消费者的市民对北京市平原造林工程的满意度是平原造林工程绩效评价的重要组成部分，也是未来工程实施不断完善与改进的民意基础，因此，为准确评价退耕农户和作为生态消费者的市民对北京市平原造林工程的满意度，并找出影响其满意度的因素，我们首先对满意度评价相关方面的研究进展综述如下。

（1）满意度的概念

满意或者不满意是一种个人心理状态，它是将个人期望与实际情况进行对比后所反映出的结果。最早对于满意度的研究始于顾客满意（Hoppe，1930），它表示顾客将预期与其实际获取的产品和服务结果相比较后，所产生的愉悦或失望的心理状况，而通过量化的形式反映顾客的满意程度就是顾客满意度（Cardozo，1965）。顾客满意度的概念自提出后，被广泛应用于各行各业，越来越被人熟知。学者也在此基础上提出了适用于政府部门的"公共服务满意度"概念，用于反映公众对政府部门提供公共服务质量的满意程度，并借鉴顾客满意度模型设计和指标体系构建的经验，不断丰富公共服务满意度方面的成果（吴建南，2005；何精华，2006）。已有文献对公共服务满意度的研究涵盖文化、社会救助、失地补偿、基础设施建设等多个方面。孔进（2010）从需求角度出发设计了公众对图书馆、公共文化活动、电影院等公共文化服务的满意度调查问卷，分析了公众实际获得的公共文化服务与其期望之间的差距，得出了公众对于山东省公共文化服务的总体满意度状况。刘敏（2011）通过对湖南农村进行抽样调查，了解了农户对于农村最低生活保障制度、医疗救助制度等社会救助制度的满意度状况，为推进农村社会救助工作提供了参考。王心良（2011）从补偿水平、补偿程序、补偿模式等方面了解农户对于征地补偿政策的满意度状况，提出了通过提高补偿标准、完善保障制度、规范补偿过程等方式提升农户对于征地补偿这项公共政策的满意度水平。刘自然（2017）从需求侧入手研究太原市民对政府城市游憩用地建设的满意情况，发现政府管理游憩用地的服务水平和公众期望之间存在较大差异，所以公众对于游憩用地这项基础设施的总体满意度评分仅处于"一般"和"满意"之间。

（2）满意度评价模型

在满意度评价研究中，国内外学者根据不同的研究对象构建了许多具有针对性的满意度评价模型。ACSI 是经典的顾客满意度评价模型，由美国质量协会构建，于 1994 年开始启用后，逐渐成为被采用最多的顾客满意度指数模型。1999 年美国政府将 ASCI 模型引入政府公共服务测评，并在网上反馈测评结果。范里津（Van Ryzin，2000）采用 ACSI 模型，判定了公众对政府公共服务满意度评价中涵盖的主要因素。之后，ACSI 模型开始在美国各级政府中广泛推广，运用范围延伸到福利、财政等政府公共服务领域（周谦，2007）。国内方面，虽然满意度测评模型开发较晚，但充分借鉴了国外的成功经验，并结合了自身的实际情况，为建设服务型政府提供了有力支撑（吴建南，2005）。1998 年，清华大学联合国内各学术机构，首次建立了基于我国实际情况的国家用户满意度指数模型（CCSI）。盛明科和刘贵忠（2006）将满意度发展模型引入公共服务评价领域，提出了针对政府部门公共服务的公众满意度评价模型（CPSI）。梁昌勇（2015）基于对顾客满意度（ACSI）指数模型的学习，提出了 PSPSI 模型，丰富了国内公共服务公众满意度评价的研究成果。

（3）满意度评价方法

满意度评价研究的深入伴随着满意度测评方法的不断更新。随着时代的发展，各种综合多维度、动态的满意度测评方法也日益发展成熟，主要研究方法包括重要性—业绩分析模型（Fishbein，1975）、服务绩效模型（Cronin，J. & Taylor，1992）等。也有学者提出了绩效与期望差异模型（Oliver，1980），该模型认为如果绩效超过期望，满意度的水平就能增加，而如果绩效低于期望就会降低满意度的水平，在这个模型中，期望作为判断满意度水平的评价标准，与绩效信息进行比较。丹纳赫（Danaher，1994）利用线性回归分析法，首先认定影响满意度的因素，然后利用因子分析和聚类分析，层层分解到顾客可以直接给出评分的指标，然后通过迭代和回归分析得到总体的顾客满意度，其中回归系数就是各个因素的权重。国内的满意度测评方法主要分为定性或量化研究。王忠华（2010）在研究重庆四面山景区居民对旅游开发满意度情况时，采用对调查对象直接访谈的形式，发现影响当地居民利益的主要因素是景区门票价格的波动和政府、景区管理部门和社区居民的利润分配机制。杨静怡（2011）在对宜居城市满意度评价时，以北京为研究区域，通过网络上发放问卷，要求受访的北京市民对其居住的小区绿化环境的舒适度、休憩功能分别打分，同时对居住区的绿化环境给出总体的评价。赵静（2014）以福建省五县市为研究区域，利用重要度—满意度分析法（IPA），将评价目标的满意度看成是评价目标表现的函数，并通过各个利益相关者对集体林改的重要度和满意度的 IPA 总体定位结果分析得到了总体满意度。武春友（2010）在分析大连市城市再生资源利益相关者满意度时，采用 G1 法和熵值法确定了指标体系的权重，以模糊数学的原理为基础构建了综合评价利益相关者满意度的模型。

（4）满意度评价指标体系

构建合理的满意度评价指标体系也是满意度研究中的主要关注方向。国外对于构建满意度指标体系的研究开始较早，1994 年，英国政府为了评价政府部门公共服务的绩效水平，构建了涉及 17 个领域，包含 280 余项指标的公众满意度指标体系，涵盖了经济、教育、公共安全等各个方面。2002 年日本政府颁布《政府政策评估法》，建立了涵盖 11 个领域，包括 99 个具体指标的公众满意度测评指标体系，对政府福利、安全、环境能源等部门的公共服务工作质量做出了评估，为政府提升公共服务质量提供了借鉴。国内学者在建立公共服务满意度评价指标体系时，借鉴了国外先进的方法，并与国内实践分析相结合（尤建新，2001）。刘娟（2007）设计了三级指标，从教育、医疗、社保等方面建立了北京市政府公共服务满意度测评指标体系。刘燕（2009）将公共满意度的理念运用于电子政务门户网站测评，基于计划行为理论构建了符合电子政务特征、服务对象特征的满意度测评指标体系。郗晓媚（2016）在新公共服务理念的指导下，对云南省 Q 乡镇政府的公共服务进行分析，构建了包含生活、生产、设施、公职等四个一级指标的满意度指标体系，反映了 Q 乡镇公共服务的实际情况。

（5）满意度的影响因素

满意度的影响因素也是满意度研究中主要关注的方向之一。格里斯·林（Grace T. R. Lin，2009）运用结构方程模型对影响相关利益者满意度的主要因素，如技术接受水平，接受的外界服务质量、成本进行了分析，并研究了他们对满意度影响的方向。一些学者关注因退耕还林、城市造林等工程而失去耕地的农户，根据这些农户的个人禀赋和土地流转特征等分析其满意度的影响因素。其中，叶继红（2007）以南京市郊区的失地农户为研究对象，指明失地农户的总体满意程度并不高，而影响其满意度的关键因素是收入问题，在此基础上，她提出了在经济收入和生活条件方面入手改善，提高农户满意度的一系列建议；陈占锋（2013）运用结构方程对城市郊区失地农户的满意度进行了研究，研究中主要关注影响农户满意度的关键因素，并针对这些因素的改善提出了若干建议；赵丹（2014）在四川省荣县实地调研，收集了当地 220户农户的基本信息和其生活满意度状况，运用 logistic 模型分析了影响农户生活满意度的因素。发现交通状况、住房面积、补偿的标准等因素与农户的满意度呈现负相关关系，而征地的意愿和就业现状等因素则与失地农户的满意度呈现正相关。陈伟（2015）将大体上可以影响农户生活满意度的因素划分为"个体特征""社会特征"两类，首先对这些因素进行独立样本分析，再引入 logistic 回归模型分析。经过筛选和分析，确定了年龄、年收入、文化程度、求职渠道满意度等 18 个影响失地农户生活满意度的关键因素。

近 10 年来，结构方程在满意度影响因素研究中也日益得到重视。比如钱璐璐（2010）以重庆市为调研区域，建立城市满意度模型，采用问卷调查法利用李克特量表中常见的 5 点量表法对模型指标进行打分，并对模型指标分别进行信度和效度的分析，最终利用结构方程理论确定了影响城市居民满意度的主要因素，分析了不同因素内在的相关关系。乔蕺强（2016）以甘肃省武威市近郊为例，设计李克特量表对农户的生活水平、补偿数量、补偿方式、征地通告、保障政策、保障方式、政策缺陷等22个观测变量进行调查，并建立含有5个潜变量的结构方程模型对征地补偿农户的满意度影响因素进行分析，发现农户征地补偿分配的满意度、对补偿标准满意度和对补偿保障的满意度对征地补偿农户满意度均有着明显的正向影响关系。

第五节　研究评述

综上所述，森林生态效益计量与林业生态工程绩效评估方面的研究成果众多，这些研究成果和研究方法为北京市平原造林工程的绩效评估研究奠定了坚实的基础。但是，由于平原造林工程结束时间短，相关研究还处于起步阶段，从既有的研究成果来看，其主要集中在平原造林工程的重要性和战略、部分已经竣工的地区造林效果评价、平原造林工程的可持续利用、平原造林工程成效的总结分析、存在的问题与经验、造林工程的管护效果、造林工程的生态效益等方面，且多为定性研究。针对平原造林工程的生态效益评估和总体绩效评估较为欠缺也尚不成熟，而且从民生改善和生态文明理念的视角对平原造林工程进行绩效评估的研究还未曾有过。

北京平原造林工程不仅是一项城市林业工程，更是一项具有长远意义的民生改善工程和生态文明建设工程。因此，立足民生改善和生态文明理念对其进行绩效评估具有重要的导向作用，评价结果将引导有针对性地解决工程实施存在的薄弱环节，进一步促进对工程总体建设情况的评估，进而为平原造林工程后续养护工作和其他后续项目的开展提供参考和指导，同时也为其他城市林业工程的建设和发展提供经验借鉴，对有效改善生态环境，促进生态文明建设具有重要现实意义。

第二章

研究框架与理论依据

第一节　研究目标与内容

一、研究目标

北京平原造林工程是在环境恶化，尤其是在近年来雾霾（PM2.5）、极端天气等带来的生态压力情况下开展的，关乎民众福祉和健康，它既是城市生态环境建设的重点项目，也是首都的一项重点民生工程，更是通过推进生态文明建设切实改善民生的城市林业建设范例，因此，本研究的总体目标如下。

立足民生改善和生态文明理念视角，确定北京市平原造林工程绩效评价维度和内容；通过建立北京市平原造林工程绩效评价指标体系，选取适用于平原造林工程绩效评价的理论与方法，进行绩效评估；在此基础上，总结城市林业生态工程建设的经验和教训，为平原造林工程后期养护和可持续经营与利用提供参考和指导，同时也为其他城市林业工程的建设和发展提供经验借鉴，并丰富生态工程绩效评估理论和方法，为我国城市开展生态环境治理和建设、实现可持续发展及促进民生改善提供理论和方法借鉴。

其具体目标如下。

（1）从百万亩平原造林工程客观达到的实际效果出发，立足民生改善和生态文明理念视角建立百万亩平原造林工程实施效果评价的指标体系，并对平原造林工程实施效果进行客观评价；

（2）立足民生改善和生态文明理念视角，分别从退耕农户角度和生态消费者角度建立对百万亩平原造林工程满意度评价的指标体系，并分别进行其对百万亩平原造林工程的满意度评价；

（3）在对北京百万亩平原造林工程进行绩效评价的基础上，调查分析北京市居民对平原造林工程后续养护工作和其他后续城市造林项目的支付意愿，以及影响其支付意愿的主要因素；充分了解和探讨农户参与平原造林工程的行为意向及影响因素，并重点关注农户满意度与农户行为意向之间的关系；

（4）利用上述百万亩平原造林工程实施效果评价、退耕农户和北京市居民满意度评价、北京市居民的支付意愿及农户参与新一轮平原造林工程的意向等方面的研究结果，针对平原造林工程存在的问题，提出相应的对策建议。

二、研究内容

开展平原地区造林工程，是推动首都生态文明和中国特色世界城市建设的战略举措，是提升城市宜居环境和广大市民生活品质的现实需要，因此，基于改善民生和生态文明理念评估工程的投入产出效果是衡量工程成功与否的重要标准，而作为重要相关利益者的退耕农户和终端生态环境消费者的北京居民对北京百万亩平原造林工程的满意度也应是绩效评估的重要组成部分。基于此，本研究的主要内容包括如下几方面。

（1）北京市百万亩平原造林工程实施效果的评估。和其他林业生态工程一样，北京平原地区造林工程有明确的建设目标、政策措施、技术规程和进展规划，其建设目标是在平原地区通过营造大面积、高水平、有特色、多功能的城市森林和湿地恢复措施，来改善北京地区生态环境和空气质量，提高城市森林景观效果，增进民众福祉。从其建设内容和目标上看，该工程不是简单的植树造林，其实施结果不仅具有传统意义上的生态效益，还具有文化传承功能和满足广大市民生活品质提高要求的功能，并能带动农民的绿岗就业。为此，研究首先基于改善民生和生态文明理念从理论上具体分析工程实施可能产生的直接和间接影响，并从生态环境影响、社会影响和经济影响三个层面设计平原地区百万亩平原造林工程先验绩效评估指标体系。

平原地区百万亩造林工程是一个多种措施相结合的生态工程项目，涉及多个区县，为了较全面和准确地反映工程的实施效果，本研究选取多个地区进行实地调查和走访访谈，进一步基于民生改善和生态文明理念对项目实施后产生的各种影响和效益进行甄别和分析；此外，由于广大首都市民就是工程实施效果的亲身体验者，所以研究也采用问卷调查方式从民众和相关利益者角度对该工程的实施效果进行识别与分析。

在上述理论分析、实地调查和问卷调查基础上，进一步明确百万亩平原造林工程所产生的各种影响和效益的影响机理，利用专家调查法和频率分析法最终确定能够反映北京平原造林工程实施效果的评价指标体系。根据所确定的评价指标体系，利用工程实施后各年的监测数据、资源现状数据、问卷调查所获数据，以及气象、水文等数据，对各具体指标进行描述和计算，然后采用模糊综合评价法进行北京平原地区造林工程实施效果综合评估，并采用成本效益分析法进行补充分析。

（2）退耕农户对北京市平原造林工程的满意度评价。北京市平原造林工程涉及较多农户，也涉及农户的根本利益。农户作为重要的参与主体，其参与感受和满意度评价能从侧面反映出平原造林工程的实施绩效，也会对农户参与林地养护和新一轮百万亩平原造林工程征地产生影响。为此，从农户满意度视角，可在构建农户对工程满意度评价指标体系的基础上，运用问卷调查法，对北京市平原造林工程具有代表性的造林区退耕农户进行调查，之后利用层次分析法对评价指标进行赋权，综合评价农户对工程的满意度，最后采用多元回归分析，对影响农户满意度的因素进行探索和验证。

（3）生态消费者对北京市平原造林工程的满意度评价。北京市平原造林工程具有公共产品特征，市民是生态消费者和受益者，因此，工程的绩效不仅要看工程实施效果如何，还需要从"消费方"进行评价，一定程度上，市民对工程的满意度对提升工程实施水平具有重要意义。从市民满意度视角，可构建工程绩效评价指标体系，运用问卷调查法对市民进行调查访谈，利用结构方程对评价指标进行赋权，采用模糊综合评价法对生态消费者的满意度进行评价。

（4）北京市居民对平原造林工程后期管护和后续城市造林工程的支付意愿研究。在实地调研和平原造林工程绩效评价问卷预调研过程中，研究者发现，平原造林工程的后续养护和维护资金需求较大，同时社会参与略显不足，因此，在进行平原造林工程绩效评价基础上，将有关北京市民对平原造林工程后续养护工作和其他后续项目支付意愿作为一项研究内容，通过利用问卷调查数据，分析研究北京市居民对平原造林工程后期管护和后续城市造林工程的支付意愿和可能愿意支付的水平，为保证平原造林工程后期养护工作的可持续性和资金支持提供参考依据。

（5）农户行为意向及影响因素研究。参与造林土地流转的农户是平原造林工程最直接的利益相关者，平原造林工程的实施对农户的生产和生活都产生巨大的影响，工程从开始建设到完工后的维护都离不开农户的支持与参与。作为林地的"供应者"、林区养护工作的重要参与者和工程生态效益改善的受益者，农户对平原造林工程满意与否不仅对一期工程造林成果巩固具有重要影响作用，也直接关系到农户参与新一轮平原造林工程的意向和程度；因此，在对平原造林工程退耕农户满意度评价分析的基础上，将农户参与的行为意向作为一项研究内容，通过利用问卷调查数据，从"农户参与林区养护的意向""将土地继续用于造林的意向"两个方面探讨农户参与的行为意向，并重点关注农户满意度与农户行为意向之间的关系，分析可能影响农户行为意向的其他因素，为新一轮百万亩平原造林工程的规划和实施提供参考依据。

（6）研究结论与建议。通过对平原造林工程实施效果评价、退耕农户和北京生态消费者满意度评价、北京市居民的支付意愿及农户参与的行为意向等研究结果进行归纳和总结，得出相应的研究结论，再结合实地调研中发现的问题，提出相应的政策建议。

第二节　研究思路和方法

一、北京市平原造林工程绩效评估研究步骤

针对研究问题和研究目标，在文献综述基础上，首先立足民生改善和生态文明理念的视角，建立北京市平原造林工程实施效果评价指标体系，并采用适宜方法对指标体系进行赋权，利用相关综合评估方法评价和量化绩效等级进行绩效评估；分别从工程涉及的退耕农户和生态消费者满意度视角构建工程满意度评价指标体系，运用问卷调查法对相关农

户和市民进行调查访谈，通过对评价指标赋权，采用模糊综合评价法进行满意度评价；最后依据绩效评价结果提出有针对性的措施和建议。

二、构建北京市平原造林工程绩效评估指标体系

1. 指标体系的构建原则

（1）科学性原则。依据前述分析，北京市平原造林工程绩效评价主要包括工程实施效果评价、退耕农户和生态消费者满意度评价三个内容。由于评价内容丰富，过程复杂，所涉及的影响因素多种多样。因此，在具体评价过程中，要针对不同的评价内容选择和确定不同的评价指标体系，使之能够反映评价对象的本质，每个指标应当含义清楚、简便易算，并建立在已有统计指标体系和调查资料的基础上。

（2）简便可操作性原则。北京市平原造林工程实施效果评价、退耕农户和生态消费者满意度评价指标体系要简单明了，选择的指标尽可能地少而全，评价方法尽可能地简单，不宜过度复杂，表达的意义要通俗易懂，各项指标的具体数据要容易获得，便于进行综合绩效的评价。可操作性还包括要尽可能确保指标可以量化分析、资料能够有效获取，便于选择统计方法和一定的数学模型进行量化分析。

（3）综合性和全面性原则。北京市平原造林工程实施效果评价涉及领域广泛，是一个多效益、多领域评价的综合过程，既包括生物效益、气候效益、水文效益等生态效益，同时还要反映工程实施的总体特征，具体反映工程在各区域经济、社会方面的影响情况。

（4）定量和定性相结合原则。北京市平原造林工程在实施效果和农户及生态消费者满意度评估过程中，有些内容可以定量分析，有些只能定性分析，所以，对于目前有条件能够量化的指标应采用科学的方法进行定量分析，对需要定性分析的指标，应结合理论分析，寻求与之相匹配的定性分析方法；最后定量分析和定性分析相结合，一同纳入综合评价指标体系之内。

（5）立足民生改善和生态文明理念的原则。北京市平原造林工程是一项具有长久作用的民生改善和生态文明建设工程。因此，应以此为原则构建反映工程绩效的评估指标体系。

2. 评价指标体系筛选的思路和方法

目前，国内虽然有不少学者提出林业生态工程评价的具体指标体系，但在评价标准方面仍存在一些问题：一方面人们追求指标体系的完备性，不断提出新指标，使指标体系数目不断增大；另一方面，缺乏科学有效的指标筛选方法。

本研究中，在遵循上文提到的相关评价指标体系构建原则和参考已有研究成果的基础上，根据北京市平原造林工程的结构、功能、目标及区域特性，通过理论分析初步确定工程实施效果、退耕农户及市民满意度指标体系，然后根据频度分析和预调查的结果对评估指标进行第一轮筛选，从而建立工程实施效果和退耕农户及市民满意度的先验评估指标体系；随后采用专家咨询法，结合实际调研过程中的发现，对先验指标体系进行修改完善，从而确认最终的工程实施效果和退耕农户及市民满意度的指标体系，以做到科学、公正的评价过程和得出科学、可信的评价结果。具体路径如图 2 - 1 所示：

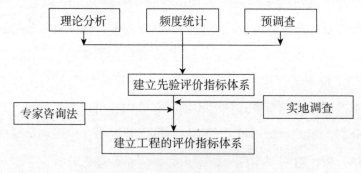

图 2 - 1　评价指标筛选过程

三、北京市平原造林工程绩效评估方法

研究首先在工程实施区域范围内选取若干个有代表性的案例点,通过实地预调查、理论分析和频度分析法,预选出能反映工程绩效的评估角度、评估方面和具体评价点,再通过实地调查、专家调查法等最终确定具体评价点;在此基础上,结合北京市园林绿化局和地方宏观监测数据以及实地调查数据,采用统计分析、计量经济模型和各种环境经济评价方法对工程进行绩效评估;最后,结合实地调研和研究结果两方面针对北京平原造林工程存在的问题,提出政策建议。具体而言,在工程实施效果评估中,利用德尔菲法进行指标权重赋值,采用模糊综合评价方法进行实施效果评估。在退耕农户满意度评价中,利用层次分析法进行权重赋值,采用模糊综合评价方法进行满意度评价;找出可能影响被征地农户个体满意度的因素,并对这些因素进行单因素方差分析,对不适用单因素方差分析的特征变量采用独立样本 T 检验,以判断异质性农户的满意度是否存在差异;建立多元线性回归模型,定量分析多个特征变量对农户满意度产生的综合影响;并确定分位点,建立分位数模型研究不同满意度水平下农户满意度影响因素之间存在的差别。在生态消费者满意度评价中,利用结构方程模型进行权重赋值,采用模糊综合评价方法进行满意度评价。

1. 模糊综合评价法原理。在多级模糊综合评价中,先把要评判的同一类事物的多种因素,按其属性分成若干大类因素,然后对每大类因素进行初级的综合评判,在此基础上再对初级评判的结果进行高一级的综合评判。其具体步骤如下:

(1) 将给定的因素集 U,按其不同属性划分成 S 个互不相交的因素子集

$$U = \{U_1, U_2, U_s\} \quad U_k(k = 1, 2, \cdots, k)$$

(2) 对每个 U_k ($k = 1$, 2, $\cdots$, s) 进行初级综合评判

①根据 $U = \{u_{k1}, u_{k2}, \cdots, u_{kn}\}$ 中各因素所起作用大小定出权数分配 A_k

$$A_k = (a_{k1}, a_{k2}, \cdots, a_{kn}) \text{ 且 } \sum_{j=1}^{m} a_{kj} = 1$$

②给出因素评语集 $V = \{v_1, v_2, \cdots, v_n\}$。

③对 U_k 中的每个因素 u_{kj} 按照评语集 $V = \{v_1, v_2, \cdots, v_n\}$ 的等级评定出 u_{kj} 对 v_j 的隶属度 R_{kij}（$i = 1, 2, \cdots, m$，$j = 1, 2, \cdots, n$），由此组成单因素评判矩阵 R_k。同时得出对 U_k 的一级综合评判 B_k，$B_k = A_k \cdot R_k = (b_{k1}, b_{k2}, \cdots, b_{kn})$，（$k = 1, 2, \cdots, s$）

（3）对 U 进行综合评判

①将 U 上的 s 个因素子集 $U_k = $（$k = 1, 2, \cdots, s$）看成是 U 上的 s 个单因素；

②按各 U_k 在 U 中所起作用的大小，给出其权重分配 A，$A = (a_1, a_2, \cdots, a_s)$；

③由各 U_k 的评判结果 B_k（$k = 1, 2, \cdots, s$），得出总的单因素评价矩阵 R

$$R = \begin{bmatrix} B_1 \\ B_2 \\ \vdots \\ B_s \end{bmatrix} = [b11 \quad b_{12} \quad \cdots \quad b_{1n}] \qquad (2-1)$$

$$B = A \cdot R = A \cdot \begin{bmatrix} A_1 & \cdot & R_1 \\ \cdots & \cdots & \cdots \\ A_s & \cdot & R_s \end{bmatrix} = A \cdot \begin{bmatrix} B_1 \\ B_2 \\ \vdots \\ B_s \end{bmatrix} = (b_1, b_2, \cdots, b_n)$$

$$(2-2)$$

则可得到 U 的综合评价 B，按照模糊数学中最大隶属度原则并结合评语集 V，可以对评价对象的效益做综合判断。

2. 权重确权方法选择。考虑到本研究中工程实施效果评价指标、农户满意度评价指标和生态消费者评价指标的属性特点不同，因此根据各自指标体系的实际情况采用不同的赋权方法能够有效避免指标权重属性与实际重要程度不相违背。本研究将分别采用专家调查法、层次分析法、结构方程模型（SEM）中的参数估计对实施效果评价指标体系、农户满意度评价指标体系和生态消费者评价指标体系进行确权。

四、北京市民支付意愿及农户行为意向的研究思路与方法

1. 北京市民对城市造林工程支付意愿的研究思路与方法

北京平原造林工程是改善首都生态环境质量、提升首都形象和提高人民生活品质的一项重要工程，作为城市发展的微观主体，北京市居民既是平原造林工程的主要受益者，也应是重要的参与者和支持者；因而，关注并探讨其对于平原造林工程的后期维护以及后续工程（包括其他城市造林工程，如北京市重点区域城市造林工程）的支付意愿和支付水平，对于促进平原造林工程及成果巩固的可持续性具有重要现实意义。本研究利用问卷调查法，获取到北京居民样本对北京平原造林相关工程的支付意愿和支付水平，在分析影响居民支付意愿和支付水平因素的基础上，采用双栏模型进行了实证分析，并探讨不同限定条件下居民支付意愿和支付水平影响因素的差异性。

2. 农户参与行为意向的研究思路与方法

计划行为理论证明，感知、态度和行为意愿存在明显的因果逻辑关系，对于平原造林工程而言，一期平原造林工程成果的巩固和新一轮平原造林工程目标的实现都需要农户的参与和支持，而农户的参与和支持又依托于农户对一期平原造林工程实施的感知，即农户的满意度；因此，为了促进农户积极参与平原造林工程成果巩固和新一轮平原造林工程，本研究利用问卷调查数据，关注农户参与的行为意向，从"农户参与林区养护的意向""将土地继续用于造林的意向"两个方面探讨农户参与的行为意向，重点分析农户满意度与农户行为意向之间的关系，并分析可能影响农户行为意向的其他因素。针对上述研究内容，本研究在分析农户满意度与农户行为意向之间影响关系的基础上，利用结构方程模型处理农户行为意向（内生潜变量）与其影响因素（外生潜变量）之间的关系，识别农户满意度与其参与林区养护和新一轮造林工程土地流转意向之间的路径关系。

五、技术路线

基于研究内容和上述分析，本研究具体的技术路线如图2-2所示：

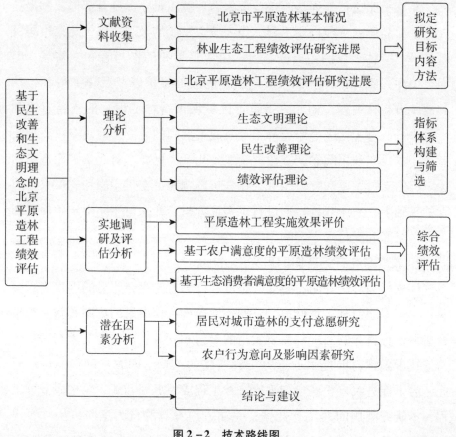

图2-2 技术路线图

第三节 理论依据

一、民生改善理论

民生改善是一项长期的、系统的、艰巨的、复杂的工程。2010 年中共十七届五中全会通过的《中共中央关于制定国民经济和社会发展第十二个五年规划的建议》提出：要把保障和改善民生作为加快转变经济发展方式的根本出发点和落脚点。随后几年的政府报告和相关会议都将民生问题放在十分突出的位置，国家"十二五"规划纲要首次使用"民生篇"并再次强调："坚持民生优先，完善就业、收入分配、社会保障、医疗卫生、住房等保障和改善民生的制度安排，推进基本公共服务均等化，努力使发展成果惠及全体人民。"可以认为，"民生"即"人民的生计"。从广义来说，民生是系统工程，所有满足和实现人民生计的一切物质和精神手段，都属于民生范畴；民生改善是从满足人的最低生存，到满足人的基本生存，再到实现人的全面发展的过程。

从国家层面看，在国民经济核算体系中，总产出或总收入指标就可以被认定为衡量民生成就的最简便指标。在存在分配不平等现象的现实条件下，收入和财富的分配状况对民生成就和民生改善的影响就变得非常重要。民生不仅包括物质产品的需求，还包含人类权利和个人发展需要，比如受教育的权利，一国义务教育的普及和质量状况，是公认的民生成就衡量指标之一。另一个非常重要的基本公平准则，是需要建立普遍惠及全体人民的社会安全网，即对所有的居民特别是社会弱势群体提供应对风险、疾病、灾害，以及职业不测的基本保障。根据国家关于民生改善政策和措施的具体内容结合现实发展实际，可以发现强化国民教育、改善就业环境和质量、提高收入水平、降低收入差距、完善社会保障体系、规范社会管理等六个领域的内容成为民生改善的基本边界。

本研究将根据民生改善的定义与基本边界，结合北京平原造林工程在相应方面所产生的实际影响，通过构建评估指标体系来反映工程在民生改善方面所发挥的重要作用。

二、生态文明理念

生态文明的核心理念是"人与自然和谐共生"。人类生存于自然生态系统之内，人类社会经济系统是自然生态的子系统。生态系统的破坏将会导致人类的毁灭。因此，人类要尊重生命和自然界，同其他生命共享一个地球，在发展的过程中注重人性与生态性的全面统一。生态文明强调人与自然协调发展，强调以人为本和以生态为本的统一，强调"天人合一"，强调人类发展要服从生态规律，最终实现人与自然的和谐共生。

党的十八大报告指出，建设生态文明是关系人民福祉、关乎民族未来的长远大计。《生态文明体制改革总体方案》指出，生态文明建设不仅影响经济持续健康发展，也关系政治和社会建设，必须放在突出地位，融入经济建设、政治建设、文化建设、社会建设各方面和全过程。

基于不同的维度与视角，我们对生态文明的科学内涵可以有不同的见解。从纵向的人类文明发展史出发来解释生态文明可以认为，生态文明是与原始文明、农业文明和工业文明前后相继的社会文明形态，是人类为实现可持续发展必然要求的进步状态。从横向的当代社会文明系统出发进行解释，可以将生态文明定义为一种社会形态内部某个重要领域的文明，是人类在处理与自然的关系时所达到的文明程度，在体系上与物质文明、精神文明和政治文明相对应。尽管生态文明内涵与外延十分丰富、庞大而复杂，但核心思想离不开人类在改造利用自然的同时，要积极改善和优化人与自然的关系，建立良好的生态环境，人与自然、人与社会、发展与环境关系的和谐共存是其核心内容。生态文明建设通过科学布局生产空间、生活空间、生态空间，扎实推进生态环境保护，让良好生态环境成为人民生活质量的增长点，成为展现我国良好形象的发力点。因此，从人与自然和谐的角度，吸收党的十八大的理论成果，可以认为：生态文明是人类为保护和建设美好生态环境而取得的物质成果、精神成果和制度成果的总和，是贯穿于经济建设、政治建设、文化建设、社会建设全过程和各方面的系统工程，反映了一个社会的文明进步状态。

生态文明的内容并没有严格的理论边界。党的十八大提出面对资源约束趋紧、环境污染严重、生态系统退化的严峻形势，必须树立尊重自然、顺应自然、保护自然的生态文明理念，把生态文明建设放在突出地位，融入经济建设、政治建设、文化建设、社会建设各方面和全过程。这实际上是对生态文明建设内容的呼唤和要求。结合有关生态文明评价的指标体系可以认为，生态文明建设内容包括生态经济、生态环境、生态文化和生态制度等四个领域，或者是这四个领域中某几个方面的具体表现。在生态经济方面，经济效率、产业结构、资源消耗与资源节约是主要关注重点；在生态环境方面，污染物排放、空气质量、水环境质量、土壤质量、绿化和环境基础设施是关注重点；在生态文化方面，环保知识普及、生态文明认知程度、生态素质提高、生态创建活动是主要关注点；在生态制度方面，投入保障、科学执政和信息公开成为关注的重要内容。

在实际操作中，生态文明的建设内容和边界并非一成不变。生态文明是具有弹性的文明形态，国家层次的生态文明建设会明显有别于省市范围内的生态文明建设，城市生态文明建设和农村生态文明建设也是各有侧重。同理，基于生态文明理念对某一建设事业或生态文明建设工程的实际内容进行评价时也应做到具体问题具体分析。

生态文明建设是国家当前及未来一项重要的发展战略。生态文明以尊重和维护生态环境为主旨，是人们改善和优化人与自然关系，使人与自然和谐发展的文明境界和社会形态。因此，我们要立足生态文明视野，结合北京市平原造林工程实际情况，以生态文明理念与内涵、评估标准、实现途径为综合依据，构建评估指标体系来反映工程在生态文明建设方面所产生的重要影响。

三、绩效评估理论

"绩效（Performance）"一词从出现迄今为止，其内涵一直都没有被明确界定。关于绩效内涵的争议主要集中在绩效到底是一种结果还是一种过程。理查兹（Richards，1998）认为绩效是一种成就，即某种行为后产生的成效。卡第尔（Katzell，1995）认为绩效是指组织目标达成程度的一种衡量。王金龙（2016）认为绩效既是一种结果，也是一种过程。绩效水平反映了为实现特定目标而实行的资源配置行为与所获得的实际成效之间的对比关系，绩效评估就是评估某个具体事业的各项效能与实现这些效能所产生的投入的比较关系，包含了实施的过程与结果的评估。2011年财政部《财政支出绩效评价管理暂行办法》对绩效评价一词作了界定，认为绩效评价是指相关部门（单位）根据设定的绩效目标，运用科学、合理的绩效评价指标、评价标准和评价方法，对经济支出的经济性、效率性和效益性进行客观、公正的评价。绩效评价过程应当遵循科学规范原则、公正公开原则、分级分类原则、绩效相关原则，评价结果应当清晰反映支出和产出绩效之间的紧密对应关系。

林业生态工程的绩效水平反映的是对林业生态工程的实施过程及工程竣工后的结果是否满足涉及造林工程利益群体的需要，以及对满足程度的大小进行价值判断，或者说是否在根据生态工程实际的规律与原则的指导下，花费尽可能少的财力、物力等资本与人力，最终实现生态工程的特定目标，从而满足生态工程区域各个利益相关者的价值需求。具体而言，生态工程的绩效水平蕴含了生态工程发挥的效益、产生的效果、实施过程中的效率及过程的可持续性等几个方面。

四、公共服务满意度理论

满意度是将个人期望与实际情况进行对比，从而做出满意或不满意的反应。比较成熟的满意度概念是"顾客满意度"，它指的是顾客对产品或服务进行感知并与其预期进行比较后，形成满意或者失望的感觉。从根本上讲，顾客满意度是建立在顾客自我感受和自我期望对比情况之上的一种结果，是一种无法直接测量的相对概念。顾客满意度理论广泛运用于各行各业，可以帮助管理者找出影响顾客满意度的因素，并根据现实情况调整企业策略，以提升顾客的满意水平。

借鉴顾客满意度的概念用于对政府公共服务的评价中，可以得到"公众满意度"。公众满意度是公众对政府提供的公共服务做出的主观评价。每个人在接受政府提供的公共服务之前，会对自己所应该享受到的服务有自我期待，这个天然形成的尺子会和他实际感知到的公共服务进行对比，从而得出满意、一般或者不满意的结论。而这种评价会直接影响到公众对于政府的态度，对公共服务满意度较高的人偏向于认为政府是可信认的，从而会配合和支持政府类似的公共服务工作的开展。所以，切合实际地反映公众对政府公共服务的满意度具有重要意义。

公众满意度理论是评价退耕农户和作为生态消费者的北京市民对北京市平原造林工程满意度的理论基础。为建立更为合适的评价模型，需要参考公众满意度的特征：首先，公众的满意度具有主观性。尽管平原造林工程提供的经济、社会、环境效益是客观存在的，但是公众对于服务的评价是一种主观感受，不同的成长经历、价值观和社会环境都会产生不同的感知结果。其次，公众的满意度具有模糊性特点。因为满意度评价是一种内在的心理活动，评价的结果和个人的心理感受息息相关，但是这种感受无法精确地计量，所以在反映客观事物时具有模糊性。此外，公众满意度具有层次性。公众可以将对平原造林工程的感受归为不同维度或层次，比如非常满意、满意、一般、比较不满意、非常不满意等几个维度。最后，公众满意度具有可测量性。虽然公众的满意度无法进行直观的测量，但是可以通过选取反映满意度的指标，确定权重，并运用模糊评判的方法量化出满意度的具体数值，从而形成民众（退耕农户和作为生态消费者的北京市民）对北京市平原造林一期工程的评分。

　　基于上述分析，结合北京市平原造林工程特点，本研究认为北京市平原造林工程绩效评估是工程结束后的结果评估，是结果导向性的绩效评估，评估的内容应该包括造林工程的客观效果、相关农户和生态消费者对平原造林工程满意度等三个核心内容，即是从平原造林工程的实施效果、农户和生态消费者对平原造林工程的满意度三个维度进行的绩效评估。平原造林工程绩效评估的最终结果应是工程结束后形成的各种效果、效益的综合反映和客观判断，以及相关农户和生态消费者对平原造林工程的满意程度。

第三章

北京市平原造林工程实施效果评价

第一节 北京平原造林工程实施效果评价的指标体系构建

一、基于民生改善理念的北京平原造林工程实施效果分析

关注民生、重视民生、保障民生、改善民生，是党和政府的神圣职责和终极目标，也必然是政府开展包括平原造林工程在内的各项工作的内在要求。环境就是民生，良好的生态环境是最公平的公共产品，是最普惠的民生福祉。北京平原造林工程对北京市的人居生态环境改善有着积极的作用，不仅能够满足居民休闲游憩需求，还能促进农村居住环境的改善（马欣欣，2015）。平原造林工程还通过带动地区农业劳动力转移、新增林业就业机会，调整项目地的产业结构，促进了区域经济发展方式的转变，并普遍提高了项目周边农户和居民环保意识和生活满意度的提升（乔永强等，2014；冯雪等，2016）。据《绿色与生活》报道，北京平原造林工程共吸纳约7万多名当地农民实现绿岗就业增收，其中大兴、密云、延庆等区县吸纳当地农民就业比例超过80%。工程吸纳

新就业岗位可为农户增收 2500 元/月，另外，随着林副产品的持续开发与生产，乡村旅游和森林旅游的开展对相关配套产业的带动，都能进一步提升林区周边农户的经济收入水平，并对地区带来丰厚的经济效益（武靖等，2015）。平原造林工程还具有促进人民群众身体健康，延长人的寿命，改善劳动和休息条件，发挥个人创造潜力，陶冶情操和提高文明程度等巨大的社会功能，对促进当地生产、生活秩序的稳定，以及社会的安定团结和构建和谐社会做出了巨大贡献（聂永国，2016）。

北京平原造林工程的直接目的在于改善北京城区周边生态环境质量，但是在促进就业、农民增收、产业结构调整、民众身心健康和社会保障等民生问题方面仍然起到了积极作用。一方面，平原造林工程通过对退耕地农户的退耕补偿和生态拆迁直接增加了农户的收入水平，还使得农户从低产的农地中解放出来，将劳动力转移至非农领域，从而产生更高的经济收入。另一方面，平原造林工程的养护工作需要大量的劳动力，能够显著增加退耕还林区农户的就业机会和稳定的非农收入。在养护工作中，部分地区开始尝试对造林地区森林的多功能利用，依托森林开展乡村旅游、生态旅游和林下经济产业，促进当地产业结构的优化和调整。在实际调查中还发现，由于不同的地方采取不同的养护模式，部分地区的农户在参与管护工作的过程中，能获得一定的社会保障，比如养护公司拿出一部分的资金帮助农户交纳农村合作医疗险、为农户办理工伤险等事宜。

二、基于生态文明理念的北京平原造林工程实施效果分析

生态文明的核心理念就是人与自然和谐共生。加大自然生态系统和环境保护，促进资源的可持续开发与利用，发展绿色、低碳和循环经济是实现人与自然和谐共生的重要手段。平原造林工程是一项建设生态文明的具体实践，工程极大地丰富了北京市生态文明建设的内容

和进程，为北京市社会经济可持续发展和生态文明建设进程提供重要的引领作用。虽然从长期效益来看，北京平原造林工程的直接经济贡献并不突出，工程的建设和维护所能带来的就业、收入增长有限，对地区产业结构调整变动影响相对不明显，但是在非经济效益层面，如资源环境改善、社会福利保障、生态文明意识和社会基础设施改善方面，都产生了不同程度的影响。据北京市平原造林相关部门反映，平原造林工程完成后，北京市形成了大面积新建绿色空间，平原地区森林覆盖率大幅提升，全市资源环境会明显改善，生态景观特色进一步加强，退耕地区社会基础设施也会有所改善；随着工程后续维护工作的持续开展，平原造林工程将在北京周边地区的生态环境改善、小气候调整、防风固沙、涵养水源、净化空气等生态服务价值方面持续发挥积极作用。工程的实施对有效降低 PM2.5 浓度、增加氧离子释放量、改善首都空气质量都将起到积极的作用；工程对有效减少农业用水、促进水资源的合理利用，以及减少农业污染也将具有积极的作用；另外，也将满足市民绿色休闲、城市居住环境改善和民众幸福指数提升的需求。

除此之外，平原造林工程对北京市城乡地区的生态景观改善和民众生态景观感知领域的影响亦不容忽视。北京平原造林不仅包括经济林、生态林还有不少景观林，并且在连片造林地区构筑了串联各个造林片区和通往其他地区的绿色交通通道。工程完成后，经过一段时间的恢复与生长，可以形成落叶与常绿、针叶与阔叶并存的季节林相特征和景观特色。为便于民众在部分造林地区进行休闲游憩活动，工程还建造了若干个市民公园和休闲游憩场所，并设置有相应的休闲游憩设施，给民众的生活带来了极大便利。此外，平原造林工程在工程建设和维护阶段通过各种渠道的宣传与培训会对促进民众生态文明意识和环境保护意识的提升，以及某种文明习惯养成产生一定的影响。

三、基于民生改善和生态文明理念的评估指标体系的构建

基于前述分析，北京平原造林工程是在环境恶化，尤其是近几年雾霾（PM2.5）、极端天气等带来的生态压力情况下开展的。从其建设内容和目标上看，通过在平原地区营造大面积、高水平、有特色、多功能的城市森林和湿地恢复措施，来改善北京地区生态环境和空气质量，提高城市森林景观效果，增进民众福祉，可以说保护生态环境就是保护生产力。因此，该工程不是简单的植树造林，其实施结果不仅具有传统意义上的生态效益，还具有文化传承功能，通过提升城市宜居环境，满足市民绿色休闲需求以满足广大市民生活品质提高要求的功能，并能带动农民的绿岗就业，促进农村发展。

因此，北京平原造林工程既是一项民生改善工程，也是一项生态文明建设工程。立足民生改善和生态文明视野，结合北京市平原造林工程实际情况，以及上述北京市平原造林工程在民生改善和生态文明建设领域的成果分析，重点以生态文明理念与内涵、评估标准、实现途径为综合依据，选择具体评价指标并着重从生态环境贡献水平、生态经济贡献水平、生态文化与社会发展贡献水平三个维度对北京平原造林工程的实施效果进行评价，在具体指标选择上同时兼顾指标数据的可获得性、科学性和代表性。

依据理论分析结合专家意见法，经过几轮指标筛选，建立北京平原造林工程实施效果评价指标体系如下：

生态环境方面的贡献（B_1）。平原造林工程通过大范围、大面积的造林活动，对北京市资源环境和森林生态服务价值变化都将产生重要影响。因此，生态环境贡献水平的评估主要包括资源环境变化情况（C_1）和生态服务能力（C_2）等两个方面。同时，考虑到北京平原造林工程并不是完全意义上的荒地造林，还包括道路绿化、林相提升改造、休憩

地建设等内容，特将生态景观特色（C_3）也一并纳入生态环境贡献能力范围，以便完整考察工程在生态环境方面的贡献度。

资源环境变化的主要评估指标有平原地区森林覆盖率增长水平（D_1）、全市森林覆盖率增长水平（D_2）、生态修复和环境治理面积（D_3）、新增湿地面积（D_4）、商品林面积比重（D_5）和新增动植物品种数量（D_6）。生态服务能力的评估指标包括调节气候（D_7）、涵养水源（D_8）、固土保肥（D_9）、固碳释氧（D_{10}）、净化空气（D_{11}）、降低噪声（D_{12}）和生物多样性（D_{13}）七个指标。生态景观特色主要评估指标有新增景观林的面积（D_{14}）、新增串联和穿越森林的绿色通道面积（D_{15}）、林相视觉上的协调性（D_{16}）、游憩设施设置的合理性（D_{17}）和景观风格的特色化（D_{18}）。

生态经济方面的贡献（B_2）。平原造林工程在建设和养护阶段需要大量的劳动力，增加了绿岗就业机会，一些地区还根据当地实际结合平原造林工程发展森林旅游、乡村旅游和林下经济。因此，从生态经济贡献水平角度看，经济带动水平（C_4）、产业结构调整（C_5）是两个不可或缺的评价维度。经济带动水平的主要评估指标有工程提供的绿岗就业人数（D_{19}）、绿色岗位职工平均收入（D_{20}）、工程就业吸纳的退耕人数（D_{21}）、工程就业吸纳的非退耕人数（D_{22}）、从业人员岗位培训比例（D_{23}）。产业结构调整是考察大规模造林后对造林地区的产业结构变化的影响，主要评估指标有苗圃产业所占比例（D_{24}）、林下经济所占比例（D_{25}）、乡村旅游和森林旅游所占比例（D_{26}）等三个指标。

生态文化与社会发展方面的贡献（B_3）。生态文化与社会发展的贡献主要考察工程在社会保障水平（C_6）、生态意识提升（C_7）和社会基础设施改善（C_8）方面的影响与贡献。社会保障水平主要反映了工程对退耕农户生活保障的影响，主要评估指标为退耕农户社会保险投保率（D_{27}）；生态意识提升主要反映在工程建设和维护阶段通过各种渠道的宣传与培训而对民众生态文明意识和环境保护意识，以及某种文明习惯养成的影响，具体评估指标包括群众绿色出行意识提高水平（D_{28}）、群众环保意识提高水平（D_{29}）、群众护林意愿提高水平（D_{30}）。社会基础设施改善集中考量工程在公共绿地道路施工、游憩场所建设、迁移住房等三个方面的内容，具体评估指标包括工程新增公共绿地面积（D_{31}）、工程新增道路面积（D_{32}）、工程新增游憩面积（D_{33}）和拆迁腾退建筑面积（D_{34}）。

具体指标汇总情况如表 3 - 1 所示。

表 3 - 1　北京平原造林工程实施效果评价指标体系

目标层	一级指标	二级指标	三级指标	单位	量值	数据来源
北京平原造林工程实施效果评价	生态环境贡献水平	资源环境变化	平原地区森林覆盖率增长水平	%	10.15	平原造林管理部门统计数据
			全市森林覆盖率增长水平	%	4	
			生态修复和环境治理面积	万亩	36.4	
			新增湿地面积	万亩	5.3	
			商品林面积比重	%	33.3	
			新增动植物品种数量	个	43	
		生态服务功能	调节气候	亿元	30.2	根据森林资源资产价值评估有关方法计算
			涵养水源	亿元	3.23	
			固土保肥	亿元	17.02	
			固碳释氧	亿元	166.5	
			净化空气	亿元	83.26	
			降低噪声	亿元	113.4	
			生物多样性	亿元	23.5	
		生态景观特色	新增景观林的面积	万亩	18.5	平原造林管理部门统计数据
			新增串联和穿越森林的绿色通道面积	万亩	18.80	
			林相视觉上的协调性	%	3.99	问卷调查
			游憩设施设置的合理性	%	2.11	
			景观风格的特色化	%	3.88	

续表

目标层	一级指标	二级指标	三级指标	单位	量值	数据来源
北京平原造林工程实施效果评价	生态经济贡献水平	经济带动水平	工程提供的绿岗就业人数	万人	5	平原造林管理部门统计数据
			绿色岗位职工平均收入	元	3000	
			工程就业吸纳的退耕人数	万人	1.11	
			工程就业吸纳的非退耕人数	万人	0.9	
			从业人员岗位培训比例	%	100	
		产业结构调整	苗圃产业所占比例	%	7.19	
			林下经济所占比例	%	9.12	
			乡村旅游、森林旅游所占比例	%	1.61	
	生态文化与社会发展贡献水平	社会保障水平	退耕农户社会保险投保率	%	1.35	
		生态意识提升	群众绿色出行意识提高水平	%	77	问卷调查
			群众环保意识提高水平	%	79	
			群众护林意愿提高水平	%	88	
		社会基础改善	工程新增公共绿地面积	万亩	6.28	平原造林管理部门统计数据
			工程新增道路面积	万亩	0.225	
			工程新增游憩面积	万亩	6.28	
			拆迁腾退建筑面积	万平方米	1735	

数据来源：北京市园林绿化局和课题组实际调研、计算结果。

第二节　北京平原造林工程实施效果评价指标的测算与描述

一、生态环境贡献指标的测算与描述

1. 资源环境变化情况

根据北京市园林绿化局的统计资料，2012—2015年期间，北京市平原造林工程共提升全市平原地区森林覆盖率10.15个百分点；共提升全市森林覆盖率将近4个百分点；全区生态修复和环境治理面积达到36.4万亩；新增湿地面积5.3万亩；其中，商品林面积占平原造林总面积的33.3%；工程新增动植物品种43个。工程较大程度地改善了北京市平原地区的资源生态环境状况。

2. 生态服务价值变化情况

北京市平原造林工程的实施增加了森林资源，提高了森林覆盖率，改变了土地利用结构，也必然会改变生态系统结构进而提高生态服务价值。从平原造林工程的目标和建设内容出发，生态效益和生态环境改善是工程的首要追求目标，所以生态效益评价是平原造林工程实施效果评价的基础和重要组成部分。基于此，本研究以生态系统服务功能理论为指导，对北京市百万亩平原造林的生态服务价值进行评估，以期科学地评价平原造林工程的生态效益，推动城市生态造林工程的可持续经营与利用。

本研究主要采用基于成本估价方法中的影子工程法、机会成本法和替代成本法等方法，对北京市平原造林的生态系统服务价值进行评价。选择的评价指标有调节气候、涵养水源、固土保肥、固碳释氧、净化空

气、降低噪声、生物多样性七个方面。

（1）各生态服务价值计算公式

①调节气候价值。林地改善小气候效应最明显的是在降温和增湿两方面。国内外研究表明，绿化能使局地气温降低3℃－5℃，最大可降低12℃，相对湿度增加3%－12%，最大可增加33%。调节气候价值采用替代成本法（即减少空调的耗电费用）来衡量。

$$E_{气} = A\,m\,n\,t\,s\,u \tag{1}$$

$E_{气}$为林地气候调节价值（元），A为林地面积（hm^2），m为每公顷林地上树木株数（株/hm^2），n为一棵树相当于空调的数量（台/株），t为一台空调一天的工作时间（h/d），s为一台空调每年的工作天数（d/a），u为空调每小时的耗电量［元/（h·台）］。

② 涵养水源价值。森林涵养水源功能主要指森林对降水的截留、吸收和贮存，将地表水转换为地表径流或地下水的作用。根据水量平衡评估林地、水域涵养水量。涵养水源价值为年涵养水量乘以水价，水价可用影子工程价格替代。

涵养水源量。以森林区域水量平衡法计算森林涵养水源量，

$$W_{水} = (P - E)\,A = t\,A \tag{2}$$

$W_{水}$为涵养水源量（t），P平均降水量（mm/a），E为平均蒸散量（mm/a），A为林地面积（hm^2），t为当地径流系数。

涵养水源价值。森林涵养水源的价值根据水库工程的蓄水成本（替代工程法）确定。

$$E_{涵} = W_{水}C_{库} \tag{3}$$

$E_{涵}$为林地涵养水源的价值（元），$W_{水}$为涵养水源量（t/a），$C_{库}$为水库单位库容造价（元/m^3）。

③固土保肥价值。森林凭借庞大的树冠、深厚的枯枝落叶及强壮且成网络的根系截留大气降水，减少或降低降雨对土壤的冲击，可以有效

45

地保护土体，降低土壤流失量。森林固土保肥价值主要体现在减少土壤侵蚀、保持土壤肥力和减少河流湖泊泥沙淤积三方面（田石磊等，2009）。本研究采用替代市场法和影子工程法计算森林减少这三方面损失的价值。

土壤侵蚀总量。根据有林地与无林地侵蚀模数之差，计算森林减少土壤侵蚀总量，其计算公式为：

$$W_{\pm} = A\ (P - Q)\ D \qquad\qquad (4)$$

$W_{\pm}$ 为林地减少土壤侵蚀总量（t），A 为林地面积（hm^2），P 为无林地侵蚀模数 [m^3/（$hm^2 \cdot$ 年）]，Q 为有林地侵蚀模数 [m^3/（$hm^2 \cdot$ 年）]，D 为土壤容重（g/cm^3）。将由式（2）计算出的林地减少土壤侵蚀总量与土壤容重的乘积除以土地耕作层的平均厚度，即得林地减少土地资源损失的面积 W_A：

$$W_A = W_{\pm}/L \qquad\qquad (5)$$

W_A 为减少土地资源损失面积（hm^2），$W_{\pm}$ 为林地减少土壤侵蚀总量（t），L 为土地耕作层的平均厚度（m）。以林业生产用地年平均收益作为林地减少废弃土地的机会成本，计算林地减少土壤侵蚀总量的价值。

固土保肥价值。森林保持土壤肥力价值可以用具有同等肥力的化肥市场价值表示，即减少土壤肥力流失的价值等于同等肥力化肥的价格，其计算公式为：

$$E_{\text{肥}} = \sum (R_j/A_j) C_j W_{\pm} \qquad\qquad (6)$$

$E_{\text{肥}}$ 为林地保持土壤肥力的价值（元），R_j 为单位侵蚀物中第 j 种养分元素的含量（g/kg），A_j 为第 j 种养分元素在标准化肥中的含量（g/kg），C_j 为第 j 种标准化肥的价格（元/t），W 土为林地减少的土壤侵蚀总量（t）。

减少河流湖泊泥沙淤积价值。得到林地减少土壤侵蚀总量后，采用影子工程法计算减少河流湖泊泥沙淤积的价值。

④固碳释氧价值。森林与大气的物质交换主要是 CO_2 与 O_2 的交互，即森林固定并减少大气中的 CO_2 并增加大气中的 O_2，这对于减少温室效应以及为人类提供生产的基础都有巨大和不可替代的作用。本研究运用造林成本法计算林地的固碳释氧价值。

$$E_固 = Q_碳 C + Q_氧 C \tag{7}$$

$E_固$ 为林地固定 CO_2 和释放 O_2 的价值（元），Q 为林地固定 CO_2 或释放 O_2 的量（kg），C 为造林成本（元/hm^2）。

⑤净化空气价值。森林净化的主要环境污染物 SO_2、粉尘、病菌和噪声等，这些有害气体在空气中的过量积聚会导致人体呼吸系统疾病，森林能有效地吸收这些有害气体并阻滞粉尘，还能释放 O_2，起到净化大气的作用，采用影子价格法计算森林净化空气价值：

$$E_净 = \sum_i^n = 1 V_i (Q_1 A_1 + Q_2 A_2) \tag{8}$$

$E_净$ 为林地净化空气的价值（元），i 为各种环境污染的治理费用（元/t），V_i 为净化空气的影子价格（元/t），Q_1 为阔叶林对环境污染物的吸收能力（kg/hm^2），Q_2 为针叶林对环境污染物的吸收能力（kg/hm^2），A_1 和 A_2 分别为阔叶林和针叶林的面积（hm^2）。

⑥降低噪音价值。树木和草坪有很大的隔声和吸声作用，公园绿地能将噪声发源地间隔开来。研究证明，一般林带可减少噪声 7 dB；高大稠密的宽林带可降低噪音 5 - 8dB，甚至 10 dB；乔木、灌木、草地相结合的绿地，平均可以降低噪音 5 dB，高者可降低 2 - 8dB；密植的灌木和乔木，可以降低噪声响度的 1/3。目前对森林生态系统降低噪声价值的估算方法是以造林成本的 15% 计。

$$E_噪 = 15\% C A \tag{9}$$

其中，$E_噪$ 为林地降低噪声价值（元），C 为造林成本（元/hm^2），

A 为林地面积（hm^2）。

⑦生物多样性价值。森林具有生物多样性价值，常用于评估生物多样性价值的替代物为物种保育价值。其计算方式如下：

$$V_b = S_t \times A \tag{10}$$

其中 Vb 为森林物种保育价值，单位：元/a；St 为单位面积森林物种保育年价值，单位：元/（$hm^2 \cdot a$）；A 为森林面积，单位：hm^2。

⑧总价值计算。林地生态系统服务的总价值为：

$$E = \sum{}_i^n = 1V_i \tag{11}$$

E 为林地总生态系统服务价值（元），V_i 为林地生态系统第 i 项生态系统服务功能的价值。

（2）生态服务价值计算

①调节气候价值。根据相关统计资料，调查时点北京市平原造林工程实际林地种植总面积约为 112 万亩（$1.68 \times 10^5 hm^2$）；每公顷林地平均株数取值为 100（唐秀美等，2016）；一株大树蒸发一昼夜的调温效果为 1046 kJ，相当于 10 台空调工作 20 小时，由于北京平原造林区域多为新栽培树木，结合以往研究结论（冯雪，2016），本研究将 n 取值为 5 台，t 取值为 20 小时；一台空调每年工作 60 天，空调每小时耗电取值为 0.3 元/（h·台）。据式（1）计算调节气候价值：

$E_{气} = 1.68 \times 10^5 hm^2 \times 100$ 株/$hm^2 \times 5$ 台/株 $\times 20$ h/d $\times 60$ h/d $\times 0.3$ 元/（h·台）$= 30.2 \times 10^8$ 元/a

②涵养水源价值。北京市年平均降水量为 626 mm，径流系数取值为 0.5，据式（2）计算涵养水源量：

$W_{水} = 0.50 \times 1.68 \times 10^5 hm^2 \times 626$ mm $= 0.525 \times 10^8$ t/a

水库工程的造价采用替代工程法确定。根据中国水利年鉴的水库库容造价数据，结合历年价格指数，确定 2012 年的北京市水库库容造价为 6.15 元/m³，采用式（3）计算涵养水源价值：

$$E_水 = 0.525 \times 10^8 t/a \times 6.15 元/m^3 = 3.23 \times 10^8 元/a$$

③固土保肥价值。根据我国土壤侵蚀的研究成果，无林地土壤中等程度的侵蚀深度为 15 – 35 mm/年，侵蚀模数的低限为 150 m³/（hm²·年）、高限为 350 m³/（hm²·年），取其平均值 250 m³/（hm²·年），估算无林地土壤的侵蚀总量，北京土地耕作层的平均厚度取值 0.5 m，土壤容重取值为 1.32 g/cm³，据式（4）计算减少土壤侵蚀的总量：

$W_土 = 1.68 \times 10^5 hm^2 \times 250 m^3/（hm^2·a） \times 13.2 g/cm^3 = 5.54 \times 10^8 t/a$ 。

据式（5）计算减少土地资源损失的面积：

$$W_A = W_土/0.50 \ m = 2.77 \times 10^4 \ hm^2/a$$

结合已有研究，林业生产用地的年平均收益取值为 1000 元/hm²，据此计算林地减少土壤侵蚀总量的价值：

$$E_林 = 2.77 \times 10^4 hm^2/a \times 1000 元/hm^2 = 2.77 \times 10^8 元/a$$

结合以往研究，确定土壤中有机质、氮、磷、钾含量为有机质 7.32 g/kg，全氮 0.72 g/kg，磷 0.86 g/kg，全钾 0.6 g/kg（田石磊等，2009），则可计算减少有机质、氮、磷和钾的量分别 1.61×10^6、0.16×10^6、0.19×10^6 和 0.13×10^6 t/a。2012 年全国化肥的平均价格取值为 2412 元/t，据此计算林地保持肥力的价值：

$E_肥 = 2.412 \times 10^3 元/t \times$ （$0.16 \times 10^6 t/a + 0.19 \times 10^6 t/a + 0.13 \times 10^6$ t/a） $= 11.6 \times 10^8 元/a$

减少有机质损失的价值采用林地可增加的薪柴的费用确定，根据薪柴转化成有机质的比例为 2：1，薪柴的评价价格取值为 211 元/t，确定土壤有机质保肥价值：

$$E_有 = 1.61 \times 10^6 t/a \times 0.5 \times 211 元/t = 1.7 \times 10^8 元/a$$

按照我国主要流域的泥沙运动规律，一般土壤侵蚀流失的泥沙有 24% 淤积于水库、江河、湖泊，这部分泥沙直接造成水库、江河、湖泊蓄水量的下降，在一定程度上增加了干旱、洪涝灾害发生的机会，另有33%滞留，37%入海（彭建等，2005）。本文仅考虑淤积于水库、江河湖泊的24%，即每年减少泥沙淤积的经济价值。按照采用影子工程法计算减少河流湖泊泥沙淤积的价值，水库库容造价为6.15元/t，计算林地减少河流湖泊泥沙淤积的价值：

$$E_{淤} = 2.20 \times 10^8 t/a \times 24\% \times 6.15 \text{元} = 3.24 \times 10^8 \text{元}/a$$

所以，林地固土保肥的总价值为 $2.77 \times 108 + 11.6 \times 108 + 1.7 \times 108 + 3.24 \times 108 = 19.31 \times 108$ 元/a。

④固碳释氧价值。每公顷阔叶林每天吸收1000 kg CO_2，释放730kg O_2。采用我国平均造林成本价格进行评价，即碳273.3元/t，氧369.7元/t，考虑到北京平原造林区域的树种有常绿乔木、落叶乔木、亚乔木等类型，生长期不同，故乘以0.5的系数。根据式（7）计算固碳释氧价值：

$$E_{固} = 1.68 \times 10^5 hm^2 \times 1t \times 273.3 \text{元}/t \times 365 \times 0.5 + 1.68 \times 10^5 hm^2 \times$$
$$0.73t \times 369.7 \text{元}/t \times 365 \times 0.5 = 166.5 \times 10^8 \text{元}/a$$

⑤净化空气价值。据相关研究，针叶林对 SO_2 的吸收能力为215.6kg/（$hm^2 \cdot a$），阔叶林为144 kg/（$hm^2 \cdot a$），林地的平均吸纳能力为179.8 kg/（$hm^2 \cdot a$），以此计算北京平原造林生态系统可削减 SO_2 的量为 1306.53×10^4 t/a，每削减100t SO_2 的投资为5万元，运行费用为1万元/（t·年），据式（8）可计算得到林地生态系统吸收 SO_2 的价值为 71.96×10^8 元/a。汽车尾气脱氮治理的代价是每吨约1.76万元，一公顷林地一年可以吸收氮氧化物380kg，据此计算现有林地吸收氮氧化物的功能价值为 4.85×10^8 元/a。

根据测定，一般针叶林的滞尘能力为10.11 kg/（$hm^2 \cdot a$），阔叶林为21.66 kg/（$hm^2 \cdot a$），平均为15.86kg/（$hm^2 \cdot a$），我国削减粉尘的平均单位治理成本为560元/t，则林地生态系统阻滞降尘的价值为

6.45×10^8 元/a。所以，林地净化空气的总价值为 $71.96 \times 10^8 + 4.85 \times 10^8 + 6.45 \times 10^8 = 83.26 \times 10^8$ 元/a。

⑥降低噪音价值。根据北京市政府公布的数据，北京市平原造林的平均造林成本为 45×10^4 元/hm²，由式（9）计算生态系统服务降低噪声的价值：

$$E_{噪} = 45 \times 10^4 元/hm^2 \times 1.68 \times 10^5 hm^2 \times 15\% = 113.4 \times 10^8 元/a$$

⑦生物多样性价值。根据平原造林总面积，单位面积森林物种保育年价值为 14236.4 元·hm²·a，计算可得北京市平原造林工程生物多样性价值：

$$V_b = 14236.4 元 hm^2 \cdot a^{-1} \times 1.68 \times 10^5 hm^2 = 23.5 \times 10^8 元/a$$

其中，Vb 为森林物种保育价值，单位：元/a；St 为单位面积森林物种保育年价值，单位：元·hm²·a⁻¹；A 为森林面积，单位：hm²。

⑧生态系统生态服务功能总价值。在对生态服务功能的类型分别进行计算的基础上，根据式（10），统计北京市平原造林的生态系统服务总价值，如表 3-2 所示，北京市平原造林的生态系统服务功能总的经济价值为 439.4×10^8 元，说明北京市平原造林产生了显著的生态效益。

北京市平原造林生态系统服务功能总价值构成中，调节气候功能经济价值为 30.2×10^8 元，占平原造林生态系统服务功能总价值的 6.9%；净化空气价值为 83.26×10^8 亿元，占总价值的 18.9%；固碳释氧价值为 166.5×10^8 亿元，占总价值的 37.9%；降低噪声价值为 113.4×10^8 亿元，占总价值的 25.8%；固土保肥价值为 19.31×108 亿元，占总价值的 4.4%；涵养水源价值为 3.23×10^8 亿元，占总价值的 7%；生态多样性的价值为 23.5×10^8 亿元，占总价值的 5.3%。以生态系统服务各项功能的价值大小为依据，平原造林生态系统的各生态服务功能重要性由大到小依次为固碳释氧功能、降低噪声功能、净化空气功能、涵养水源功能、调节气候功能、生物多样性功能和固土保肥功能。

表3-2 北京市平原造林生态系统生态服务功能总价值

功能类型	价值量元	比例/%	排序
调节气候	30.2×10^8	6.9	5
涵养水源	3.23×10^8	7	4
固土保肥	19.31×10^8	4.4	7
固碳释氧	166.5×10^8	37.9	1
净化空气	83.26×10^8	18.9	3
降低噪声	113.4×10^8	25.8	2
生物多样性	23.5×10^8	5.3	6
合计	439.4×10^8	100	

注：以上生态系统服务价值的功能值参数主要借鉴参考文献 [5-8]、[12]、[33]、[35]、[37]、[44]。

3. 生态景观特色方面

根据北京市园林绿化局统计，北京市平原造林工程共新增景观林面积18.5万亩；新增串联和穿越森林的绿色通道面积18.80万亩。本研究通过对北京市平原造林地区农户和生态消费者的问卷调查和走访统计发现，平原造林工程的林相视觉上的协调性均值为3.99，基本达到比较满意的程度；游憩设施设置的合理性均值为2.11，处于不满意的程度；造林景观风格的特色化得分为3.88，也基本达到比较满意的水平。

二、生态经济贡献指标的测算与描述

1. 经济带动水平

根据北京市园林绿化局估计，北京市平原造林工程可提供绿色就业岗位5万个；绿色岗位职工的平均收入为3000元；工程共吸纳退耕就业人数1.11万人；工程吸纳的非退耕就业人数0.9万人；工程护林岗

位员工岗位培训比例达到100%的水平。平原造林工程已结束，但是工程的养护仍需继续，且养护是一个长期过程，因此，可以预见的是，工程养护阶段将会继续创造更多的绿岗就业机会，在增加农民收入的同时带动区域和农村经济的可持续发展。

2. 产业结构调整

根据北京市园林绿化局统计，北京市平原造林工程实施地区在产业发展调整和实践过程中，尝试发展苗圃产业、林下经济产业和乡村旅游、森林旅游。其中，苗圃产业面积比例共占造林总面积的7.19%；林下经济所占面积为造林面积的9.12%；发展乡村旅游、森林旅游的面积占造林总面积的1.61%。这些产业在一定程度上是对平原造林地区，尤其造林涉及的乡村地区产业结构调整上的推进和完善。在带动本地区致富和发展的同时，对其他造林地区也起到示范作用。

三、生态文化与社会发展贡献指标的测算与描述

1. 社会保障水平

根据课题组的调查和访谈统计，平原造林工程中多数从业人员、护林员和养护队伍并非固定职工。调查中，仅发现个别村镇的养护公司为员工办理了工伤险、医疗险等保险事务，占调研人数的1.35%，可见总体比例偏低。这跟平原造林工程的养护模式有一定关系。

2. 生态意识提升

通过各种渠道的宣传和培训，平原造林工程对民众生态文明意识的提升产生了一定的影响。根据课题组的调查和访谈统计发现，有77%的群众觉得自己的绿色出行意识提高了；79%的群众觉得自己的环保意识提高了；88%的群众觉得自己的护林意识和意愿提高了。

3. 社会基础改善

平原造林工程在社会基础设施方面取得了一定的成效。根据北京市

园林绿化局统计，平原造林工程新增公共绿地面积6.28万亩；新增道路面积0.225万亩；新增游憩面积6.28万亩；工程拆迁腾退建筑面积1735万平方米。

第三节　北京平原造林工程实施效果的综合评价

如上所述，平原造林工程在生态经济、生态文化、社会发展和生态环境方面都产生了较大的影响。但是上述分析仅是对平原造林工程在生态经济、生态文化与社会发展和生态环境方面产生影响的独立分析，缺乏对平原造林工程产生的经济、社会和生态环境效益的综合评估。通过对北京市平原造林工程的实施效果进行综合评价有助于全面把握工程所取得的综合绩效和建设水平，并发现潜在的不足与缺点，从而提出具有针对性的完善措施，确保有效和可持续地开展平原造林后续养护工作。

一、评价方法选择

如前所述，平原造林工程是一项具有经济、社会和环境综合效应的城市林业生态工程，基于民生改善和生态文明视角通过对工程在经济、社会和环境领域的实际绩效进行综合评价有助于全面把握工程的综合效益，并发现其中存在的问题和不足。但平原造林工程实施效果的综合评价指标体系较为庞大，相应的数据是客观数据和主观评价数据的组合，具有定量数据和定性数据共存的特点。基于模糊综合评价方法具有结果清晰、系统性强的特点，并可根据模糊数学的隶属度理论把定性评价转化为定量评价，能较好地解决平原造林工程实施效果评价体系中那些模糊的、难以量化的问题，适合进行非确定性问题的解决分析；因此，本部分采用模糊综合评价方法，依据立足民生改善和生态文明理念构建的评估指标体系，从生态环境贡献能力、生态经济贡献能力和生态文化与社会发展贡献能力三个维度对北京市平原造林工程的实施效果进行综合评价。

二、权重赋值

根据国内外关于林业生态工程实施效果的综合评价经验，以及北京市平原造林工程的具体情况，本文采用专家打分法结合模糊综合评价法确定北京市平原造林工程实施绩效指标体系的权重。为了避免研究中主观赋权带来的不利因素，使得综合评价中各个指标的权重赋予更科学和具有代表性，在对各个指标进行赋权时，除了尽可能增加样本的数量之外，还邀请了相关部门专家、行业研究学者及平原造林工程一线管理部门领导进行意见征询，最后综合各方面专家的意见，建立各个指标权重的判断矩阵，进而确定平原造林工程实施效果综合评价各层次下因子的权重。

在权重赋值得分中，环境贡献水平的权重比例最高，为 0.5 分；经济贡献水平的权重比例第二，为 0.3 分；社会贡献水平的权重得分第三，为 0.2 分。在环境贡献水平中，生态服务功能的权重比例最大，为 0.25；其次是资源环境变化，为 0.15；最后为生态景观特色，为 0.1。在经济贡献水平中，经济带动水平的权重比例为 0.2，大于产业结构调整的权重 0.1。在社会贡献水平中，生态意识提升和社会基础改善的权重都为 0.08，且高于社会保障水平的 0.04。各指标权重如表3－3所示。

表3-3 平原造林工程实施效果评价指标权重及专家打分区间分布

一级指标	权重	二级指标	权重	三级指标	权重	重要程度			
						非常重要	较重要	一般重要	不重要
生态环境贡献能力	0.5	资源环境变化	0.15	平原森林覆盖率增长水平	0.03	6	3	1	0
				全市森林覆盖率增长水平	0.02	5	4	1	0
				生态修复和环境治理面积	0.03	4	5	1	0
				新增湿地面积	0.03	2	3	4	1
				商品林面积比重	0.02	1	2	5	2
				新增动植物品种数量	0.02	3	4	3	0
		生态服务价值	0.25	调节气候	0.05	5	3	2	0
				涵养水源	0.04	4	4	2	0
				固土保肥	0.03	3	4	3	0
				固碳释氧	0.04	2	3	4	1
				净化空气	0.04	2	4	3	1
				降低噪声	0.03	4	5	1	0
				生物多样性	0.02				
		生态景观特色	0.10	新增景观林的面积	0.02	7	3	0	0
				新增串联和穿越森林的绿色通道面积	0.02	4	5	1	0
				林相视觉上的协调性	0.02	3	4	4	0
				游憩设施设置的合理性	0.02	2	3	4	1
				景观风格的特色化	0.02	2	4	3	1
生态经济贡献能力	0.3	经济带动水平	0.20	工程提供的绿岗就业人数	0.03	6	3	1	0
				绿色岗位职工平均收入	0.04	3	5	1	1
				工程就业吸纳的退耕人数	0.06	5	4	1	0
				工程就业吸纳的非退耕人数	0.04	5	3	2	0
				从业人员岗位培训比例	0.03	3	5	2	0

续表

一级指标	权重	二级指标	权重	三级指标	权重	重要程度			
						非常重要	较重要	一般重要	不重要
生态经济贡献能力	0.3	产业结构调整	0.10	苗圃产业所占比例	0.03	3	4	2	1
				林下经济所占比例	0.03	2	3	3	2
				乡村旅游、森林旅游所占比例	0.04	2	3	5	0
生态文化与社会发展贡献能力	0.2	社会保障水平	0.04	退耕农户工社会保险投保率	0.04	3	4	2	1
				群众绿色出行意识提高水平	0.03	3	3	3	1
		生态意识提升	0.08	群众环保意识提高水平	0.03	4	4	1	1
				群众护林意愿提高水平	0.02	3	5	2	0
				工程新增公共绿地面积	0.03	6	4	0	0
				工程新增道路面积	0.01	2	3	4	1
		社会基础改善	0.08	工程新增游憩面积	0.03	3	4	3	0
				拆迁腾退建筑面积	0.01	4	4	2	0

数据来源：根据北京市园林绿化局及课题组调研数据整理。

三、绩效值测算

根据国内外在林业生态工程评价研究中的"区间"估计方法，以平原造林工程各指标的实施绩效作为判断依据，确定出北京市平原造林工程实施绩效的评价区间；同时，依据确定的评价区间对计算出的综合评价值进行分析，判断其是否处于允许的范围内。根据既有研究成果（朱国荣等，2011；姚顺波，2016）及北京市平原造林工程实施情况界定四个级别：[0，40]，认为工程实施绩效差；[40，60]，认为工程实施绩效一般；[60，80]，认为工程实施绩效良好；[80，100]，认为工程实施绩效优。另外，由于一级指标各自权重不一致，直接以绩效得分进行优劣对比不具有可比性，因此，本研究采用绩效得分除以权重得分（此时权重得分采用百分制）的比值作为得分率进行对比。得分率反映的是指标在各自权重范围内的得分比例，可以体现出指标在实际考评范围内的完成效果，因此具有可对比性。得分率的等级划分参照绩效得分的等级划分标准，具体如表3-4所示。

表3-4 平原造林工程绩效评估得分等级表

等级	优	良	一般	差
最大隶属度	0.325	0.363	0.211	0.039
得分率（%）	0.8-1	0.6-0.8	0.4-0.6	0-0.4
绩效区间	80-100	60-80	40-60	0-40

根据各分项指标的权重赋值情况及专家打分情况，最后计算得出北京市平原造林工程的综合效果值为75.76，达到良好的级别。这与冯雪等（2016）的研究结果相近。具体得分值情况如表3-5所示。利用一级指标得分率进行排序可知，北京市在平原造林工程实施效果评估中，生态经济贡献水平的绩效等级最高、生态环境贡献水平次之、生态文化与社会发展贡献水平最差。

其中，生态环境贡献水平效果值为38.22，得分率为0.76，达到良好级别。在生态环境贡献水平中，资源环境变化的效果得分为12.08，得分率达到0.81；生态服务价值的效果得分为19.5，得分率为0.68；生态景观特色的效果得分为6.64，得分率为0.66。

生态经济贡献水平效果值为25.28，得分率为0.84，达到优的级别。在生态经济贡献水平中，经济带动水平的效果得分为16.78，得分率为0.84；产业结构调整的效果值为8.5，得分率为0.85。

生态文化与社会发展贡献水平效果值为12.26，得分率为0.61，初步达到良好级别。在生态文化与社会发展贡献水平中，社会保障水平的效果得分为 1.36，得分率为 0.34；生态意识提升的效果得分为 5.56，得分率为 0.69；社会基础改善的效果得分为 5.34，得分率为 0.67。

对一级指标得分率的比较可以看出，生态经济贡献水平＞生态环境贡献水平＞生态文化与社会发展贡献水平。具体分析其中原因可以发现，平原造林工程竣工时间较短，林木正处于恢复生长阶段，林地的生态景观特色和生态服务价值未能得到充分发挥，从而拉低了生态环境贡献水平的综合得分；此外，由于各地区采取不同的养护模式，因此不同地区从业人员的社会保障水平提升差异较大，得分率偏低，进而影响了社会贡献水平的综合得分。

表 3-5 北京平原造林工程实施效果值

	效果值	一级指标	效果值及得分率	二级指标	效果值及得分率
效果综合值	75.76	生态环境贡献能力	38.22（0.76）	资源环境变化	12.08（0.81）
				生态服务价值	19.5（0.68）
				生态景观特色	6.64（0.66）
		生态经济贡献能力	25.28（0.84）	经济带动水平	16.78（0.84）
				产业结构调整	8.5（0.85）
		生态文化与社会发展贡献能力	12.26（0.61）	社会保障水平	1.36（0.34）
				生态意识提升	5.56（0.69）
				社会基础改善	5.34（0.67）

第四节 北京平原造林工程成本效益分析

一、平原造林工程的成本分析

平原造林工程从 2012 年开始，至 2015 年工程宣告完成，历时四年。根据相关统计资料，调查时点实际造林面积达到1123122.2亩，工程累计投入资金3432113.665万元。其中，造林面积最大的三个区分别为大兴、通州和顺义，分别为201852亩、194058.6亩和180658亩，占据造林总面积的51.34%；绿化投入最多的三区为通州、大兴和顺义，分别为618724.29万元、576551.66万元和514053.01万元，占据工程总投入的49.80%。如表3-6所示。

表3-6　北京市各地区平原造林面积及投入

地点	面积（亩）	绿化投入（万元）
朝阳	28621.7	98295.6
海淀	16986.2	45819.3
丰台	20045	69576.8
石景山	281	843
大兴	201852	576551.66
通州	194058.6	618724.29
顺义	180658.9	514053.01
昌平	125157	415002.85
房山	159012.8	507594.525
门头沟	3508	11300
平谷	36058	109851.83
怀柔	20439	76799.5
密云	50897	143052.5
延庆	79413	216906.8
市属单位	6134	17742
合计	1123122.2	3432113.665

资料来源：北京市园林绿化局。

二、平原造林工程的效益分析

1. 生态环境效益分析

北京市平原造林的生态系统服务功能总的经济价值为 439.4×10^8 亿元。其中，调节气候功能的经济价值为 30.2×10^8 元，占平原造林生态系统服务功能总价值的 6.9%；净化空气价值为 83.26×10^8 亿元，占总价值的 18.9%；固碳释氧价值为 166.5×10^8 亿元，占总价值的 37.9%；降低噪声价值为 113.4×10^8 亿元，占总价值的 25.8%；固土保肥价值为 19.31×108 亿元，占总价值的 4.4%；涵养水源价值为 3.23×10^8 亿元，占总价值的 7%；生物多样性的价值为 23.5×10^8 亿元，占总价值的 5.3%。

2. 生态经济效益分析

（1）经营养护就业。截至目前，平原造林工程竣工移交面积超过造林总面积的 95%。养护队伍总数近 500 个，养护人员共计 2.1 万人，其中吸纳当地农民就业人数为 1.11 万人，超过养护人员总数的 60%。养护队伍中管理人员和专业技术人员所占比例为 11.82%，工人占 88.18%。随着工程竣工移交进程的推进，全市百万亩平原造林工程预计将吸纳超过 5 万余农民绿岗就业。

（2）配套服务就业。据统计，工程实施以来，各地区因地制宜发展相关配套服务产业，涉及面积 26 万亩，吸纳农民就业人数达到 7100 多人，为当地农民增加了绿岗就业的机会。在各类配套服务产业中，林下经济产业的发展规模最大，所占面积 23.7 万亩，占所有配套服务产业涉及面积的 91.2%，吸纳当地农民 5200 多人就业，所占比例达到 74%。其次是规模化苗圃产业，涉及面积 1.87 万亩，所占比例 7.19%，吸纳当地农民就业人数 1300 余人。而乡村旅游、森林旅游和经济林果产业所占面积总和仅 0.42 万亩，解决当地农民就业人数 500 多人。从各产业人均收入情况来看，苗圃和经济林、果产业的额收入较高，在 2.0 万 –3.6 万元之间；林下经济次之，为 1.5 万 –3.5 万元。如表 3 – 7 所示。

表 3 –7　北京市平原造林配套服务产业状况

产业类型	主要区域	所占面积		当地农民就业		人均年收入（万元）
		面积（万亩）	比例	人数（人）	比例	
林下经济	顺义、大兴、通州、延庆、房山	23.7	91.19	5298	73.79	1.5 – 3.5
规模化苗圃	通州、大兴、密云	1.87	7.19	1341	18.68	2.0 – 3.6
森林旅游	大兴	0.21	0.81	15	0.21	0.5
乡村旅游	大兴、房山、丰台	0.15	0.58	461	6.42	0.4 – 3.5
经济林、果	朝阳、大兴	0.061	0.23	65	0.91	2.0 – 3.6

资料来源：北京市园林绿化局。

（3）绿地管理收入。平原造林工程专门制定了土地流转和林木管护政策，通过建立多种补偿机制，政府保障补助资金发放，把平原造林工程与促进农民增收有机结合，有力保障了平原地区农民的利益，工程造林和养护管理使得人均增收 4000 多元，实现了生态建设惠民富民。一是实施土地流转补助，市级财政部门每年给予生态涵养区（平谷、密云、怀柔、门头沟、延庆五个区）补助 1000 元/亩，其他地区补助 1500 元/亩，实施年限暂定到 2028 年。有些区由区财政配套土地流转资金，如通州、大兴的配套资金标准为每年 1000 元/亩，朝阳区为 500 元/亩，密云为 130 元/亩左右；二是发放林木管护补助。由市、区两级分担，以市场化方式对新造林进行养护，市区财政按照每年每亩林地 2667 元的标准给予补贴，使养护资金有了保障。三是实施腾退绿化用地地上物补偿。补偿费用由各区政府承担，补偿标准和范围由区根据实际情况自行确定，各区的地上物补偿标准不一，如耕地为 1200 – 3000 元/亩，菜地为 1000 – 4000 元/亩，少量树木的林地为 600 – 6000 元/亩，大棚为 2000 – 5000 元/亩，藕地为 1800 – 3500 元/亩。

3. 生态文化与社会发展效益分析

平原造林工程生态文化与社会发展效益是指工程提供的除了生态效益和经济效益以外的其他效益，涵盖社会保障、生态文化、社会基础等诸多方面。生态文化与社会发展效益的价值量难以准确估量，但是通过对平原造林工程在社会效益方面的贡献水平和改善程度的描述，能够直观感觉其价值的高低。

平原造林工程通过不同的养护模式在给从业人员提供了就业机会、增加了收入的同时也在一定程度上提高了从业人员的社会保障水平，对于减轻就业压力、稳定民生具有积极的作用。同时，工程通过在拆迁、施工和养护等各个阶段的文化宣传，使得超过 80% 的群众绿色出行意识和环保意识及护林意愿明显提高。工程通过规划设计结合拆迁腾退工作还增加了道路面积 0.225 万亩，游憩面积 6.28 万亩，为群众生活出行、休闲娱乐提供了极大的便利和良好的场所。

此外，平原造林工程对发挥森林康养功能、改善市民身心健康、传播森林文化、提升人们文化素养、促进城市文明进步、提升首都国际形象具有重要促进作用，有利于首都作为全国政治、文化和国际交往中心的建设与发展。

三、平原造林工程的成本效益分析

依据相关统计资料，调查时点北京平原造林工程实际造林面积达到 112.31 万亩，工程累计投入资金 343.21 亿元。按照平原造林养护 4 元/平方米的标准，工程结束后，每年的养护资金约为 28 亿元。另外按照当前关于平原造林生态效益和经济效益的计算，平原造林工程当前每年可产生不低于 439.4 亿元的价值（由于社会效益较难量化，所以此数据是根据能够直接测算的数据进行测算的结果）。所以，按照工程投资效益比计算，工程造林总投入与当年产生的效益比为 343.21∶439.4 = 1∶1.28；如果按照工程完工后的每年养护成本进行计算，则工程投入产出比为 28∶439.4 = 1∶15.7。

可以认为，平原造林工程是一项具有显著生态环境效益的造林工程。从长远来看，虽然现阶段每年的养护金额达到 28 亿元，但是考虑到养护阶段的工程投入产出比高达 1∶15.7，所以从北京市的长远发展来看，维持现有的养护经费投入合乎发展要求。

第五节 小 结

在深入分析北京平原造林工程自身特点的基础上，本研究基于民生改善和生态文明理念构建了平原造林工程绩效评价指标体系，利用模糊综合评价方法，对北京市平原造林工程的实施绩效进行了综合评估研究。本研究结论如下：

（1）北京市平原造林工程总体实施效果主要体现在生态环境贡献水平、生态经济贡献水平和生态文化与社会发展贡献水平三个方面。其中，生态环境贡献包括资源环境变化、生态服务价值和生态景观特色三个维度；生态经济贡献包括经济带动水平和产业结构调整两个维度；生态文化与社会发展贡献包括社会保障水平、生态意识提升和社会基础设施改善三个维度。

（2）北京市平原造林工程绩效得分为 75.76，达到良好的评估等级。说明平原造林工程总体实施效果良好。其中，一级指标系统的绩效得分值中，生态环境贡献水平（38.22）＞生态经济贡献水平（25.28）＞生态文化与社会发展贡献水平（12.26）。但是得分率的对比发现生态经济贡献水平（0.84）＞生态环境贡献水平（0.76）＞生态文化与社会发展贡献水平（0.61）。这说明，北京市平原造林工程实施效果评估中，生态环境贡献的价值最被看重，生态经济贡献的价值次之，生态文化与社会发展贡献的价值第三。这跟平原造林工程的建设初衷基本一致。结合前文分析，可以认为平原造林工程在林地的生态景观特色营造和生态服务价值的培育方面仍有较大提升空间；另外，不同的养护模式对农户的社会保障水平也起到不同的改善作用。

（3）在二级指标的绩效得分值中，生态服务价值的效果得分最高，为19.5分，经济带动水平的效果得分第二，为16.78分，资源环境变化的效果得分点，为12.08分。最低的三个二级指标分别为生态意识提升、社会基础设施改善和社会保障水平，绩效得分分别为5.56、5.34和1.36。这与工程的建设周期以及建设目标有直接关系。平原造林工程主要目的在于调整北京市平原地区的森林资源覆盖率，改善北京生态环境，然而大规模的造林活动也对社会基础改善、生态文明意识提升和社会保障水平发展产生了附带作用，但效果有限。因此，这几个维度的权重赋值和最终得分相对较低。

第四章

基于农户满意度的北京市平原
造林工程绩效评价

　　北京市平原造林工程不仅是推动首都生态文明和中国特色世界城市建设的战略举措，也是提升城市宜居环境和广大市民生活品质的现实需要。北京市平原造林工程作为大规模的城市造林绿化工程，涉及多个区县，影响面极广。其中，在工程的实施过程中，许多农户将土地流转用于造林，政府给予土地流转农户相应的经济补偿。不同于与工程无直接经济利益往来的普通市民，土地流转农户因为工程的开展改变了生产和生活方式，他们是工程的主要利益相关者，也是决定工程顺利运行的重要力量。所以在对平原造林工程的绩效进行评价时，不仅要重视工程在保护生态、改善环境方面的贡献，还应当关注工程的实施对造林区土地流转农户生产生活方式的影响，了解农户对北京市平原造林工程的满意度状况。从农户对工程的主观满意度评价，分析平原造林工程相关农户对工程的期望和其实际感知之间的差距，进一步补充完善前文中利用客观指标对平原造林工程实施效果评估的结论，同时也为平原造林工程进入养护阶段和后续的城市绿化项目的绩效评价提供参考。

　　本部分通过问卷调查和实地访谈法，选取北京市大兴区、房山区、通州区、延庆区、昌平区等实施平原造林工程的乡村，对平原造林工程中参与农地转让的农户进行工程满意度的问卷调查，收集了第一手资料，获得了与平原造林工程直接利益相关的农户对工程满意度评价的相关数据。在此基础上，进行描述性统计分析、模糊综合评价和多元回归分析，最后评估出北京市平原造林工程利益相关农户对工程的满意度状况，并依据农户对工程不同方面满意度的差异性，为完善北京市平原造林区后续维护工作提出相应的建议，也为北京市其他城市绿化工程的开展提供参考。

第一节　北京平原造林工程农户满意度评价指标体系构建

对平原造林工程中土地流转农户满意度评价的首要任务是建立评价指标体系。由于评价指标的选择对评价结果有很大影响，所以，为保证评价结果的准确性和符合实际情况，本研究在分析平原造林工程的实施现状与存在问题基础上，通过查找相关文献依据、实地访谈与分析，提炼出评价农户满意度的相关指标，然后再通过实地调研和组织专家论证等方式，从北京市平原造林工程的实际出发，结合工程的特征补充和完善指标，最终获得满意度评价的具体指标共24项，涵盖了"社会效益、生态效益、管护效果、经济效益、补偿效果"等五个方面。

一、北京市平原造林工程现状及问题

1. 平原造林工程建设现状

为加快首都生态文明建设，推动首都经济与人口资源环境协调发展，2012 年北京市委市政府提出要利用 3 - 4 年的时间在北京市平原地区新造林百万亩的建设目标，截至 2015 年年底工程全面完工，实际造林面积超过规划目标。工程实施后较大幅度地增加了生态资源数量、促进了产业转型、改善了宜居环境、推动了生态文明建设，基本达到了工

程的预期目标，其具体体现为：

（1）增加生态资源数量。截至 2015 年年底，围绕"两环、三带、九楔、多廊"的空间布局新增森林 83.9 万亩，新增万亩以上绿色板块 23 处、千亩以上大片森林 210 处，50 多条重点道路、河道绿化带加宽加厚，显著扩大了环境容量和生态空间。与此同时，平原地区森林覆盖率由工程实施前的 14.85% 提高到 25%，增加了 10.15 个百分点；带动全市森林覆盖率提升近 4 个百分点，全市森林覆盖率由 37.6% 提高到 41%，使平原与山区森林覆盖率差距缩小了 10 个百分点，优化了区域内的生态空间结构。

（2）促进产业转型。平原造林工程使农户退出农业生产，使其在获得退耕补偿的同时，在其他行业就业。北京市平原造林工程涉及的 14 个区都成立了林木管护机构，组织成立专业养护队伍，招聘本地农户参与林木资源管护，拓宽了农户就业渠道，为平原造林相关农户的绿岗就业提供了政策保障。此外，通过生态建设催生森林、乡村旅游产业的发展，消化农村富余劳动力，带动当地住宿、餐饮等旅游相关产业发展。

（3）改善宜居环境。平原造林工程以重点区域的生态修复和环境治理为重心，充分利用腾退建设用地、废弃砂石坑、河滩地沙荒地、坑塘藕地、污染地加大造林力度，完成生态修复 36.4 万亩；并结合中小河道治理和农业结构调整，恢复建设森林湿地 5.3 万亩，风沙危害区得到彻底治理，永定河沿线形成 14 万亩的绿色发展带，昌平西部沙坑煤场、怀柔潮白河大沙坑、燕山石化污染地变成了优美的森林景观。在新城、城市重点功能区、重点村镇周边，东郊森林公园、青龙湖森林公园、蔡家河"九曲花溪、多彩森林"等 18 个特色公园和 500 多处休闲绿地的建成，为市民提供了更多的休闲场所。

（4）推动生态文明建设。平原造林工程的开展为生态文明建设营造了良好的氛围。工程区居民的生态文明意识和保护生物多样性意识提高，居民参与生态建设和生态文化活动的积极性增加。

2. 平原造林工程存在的问题

平原造林工程在改善民生和推动生态文明建设方面成效显著，但是在问卷调查和访谈中民众也反映了平原造林一期工程存在的一些问题：

（1）平原造林工程对污染土地的修复力度不强，还有较大的退污还林空间，已建成林区的连通性不足，造林面积和森林资源总量仍有增加空间。

（2）部分造林地区的树种选择缺乏科学性，造林过于整齐划一，栽培密度过大。造林地区罕见停车区、公交站等配套的游憩设施，地块森林景观和服务设施欠缺。

（3）部分农户没有参与林区管护，在经营养护队伍中，管理人员和技术人员所占比例偏低，林区养护劳动力供给数量和质量难以适应大面积林区管护的现实需要，会对平原造林工程成果维护带来一定的难度。

（4）不同地区之间乃至不同乡镇之间土地流转补助差距较大，有些区在市财政补偿的基础上，给予当地农户额外的土地流转补贴。额外补贴在增加当地农户生活保障的同时，也导致其他地区农户要求增加土地流转补偿的呼声提高，继续参与土地流转造林的积极性减弱。

（5）缺乏平原造林配套服务发展的政策，林区农户参与生态旅游服务业的积极性较弱，游憩林地的服务水平较低，同时，平原造林配套服务以林下经济为主，产业类型单一。

二、指标体系构建的理论和实践依据

1. 指标体系构建的实践依据

平原造林工程本质上讲也是公共服务工程，所以如何反映农户对造林工程的满意度，可以借鉴顾客满意度和公共服务满意度的研究成果，从农户角度入手，分析农户对平原造林工程的感知和期望。在对退耕农户访谈中发现，农户在评价平原造林一期工程时，重点关注以下几个方面：

（1）工程的生态效益。受地理位置和气候条件的影响，北京在冬末春初风沙较多，且城市建设和运行中排放大量废气和扬尘，所以全市空气污染严重。农户们认为通过平原造林工程的实施，能够降低空气中的颗粒物浓度，改善他们的居住环境。

（2）工程的经济效益。北京市政府在平原造林规划区内征用农户土地用于平原造林工程，通过营造大量的生态林和景观林，提升了当地的景观效果，工程不仅为当地农户提供了绿岗就业，还可以带动林下经济和乡村旅游产业的发展。

（3）工程的社会效益。平原造林工程注重建设森林绿地和郊野公园，公园中观花植物和彩叶植物相组合，形成了变化丰富的森林景观，吸引了农户在森林周边进行健身活动，提高了农户的生活质量。随着农户在林区游憩休闲频次的增加，他们越来越关注林区扩大休憩场所和建设配套设施的效果。

（4）工程的管护效果。租用农户耕地进行平原造林，使得大部分农户基本可以在1公里以内到达森林绿地健身，而林区的卫生状况、林木的养护效果、道路设计都会影响到农户的游览体验，也在一定程度上影响农户对于工程的满意度评价。

（5）工程的补偿效果。北京市政府为平原造林工程专门制定了土地流转政策，这项补偿政策改变了相关农户的收入来源和收入结构，关系到土地流转农户的切身利益，所以工程的补偿金额、补偿程序、补偿分配等成为农户关注的重中之重。

实地调查表明，土地流转造林区农户重点关注平原造林工程实施以来所产生的生态福利、经济利益、社会效益、林木管护和生态补偿五个方面的问题。

2. 指标体系构建的文献依据

北京平原造林工程自实施以来，已有一些文献定性定量分析了工程所产生的各种效果。

在平原造林工程的经济效益方面，乔永强（2014）认为，造林工程通过在荒地和部分耕地建设生态林带动地区农业劳动力转移，培育专业化的苗木公司新增林业就业机会，不仅为发展林下经济创造了条件，也拉动林业产业的发展，促进了项目地区产业结构调整和区域经济发展方式的转型。造林工程可以吸纳当地农户实现绿岗就业，另外，随着林产品的开发，乡村和森林旅游资源的开发带动配套产业的发展，都能为农户提供增收机会（武靖等，2015）。

在平原造林工程的社会效益方面，生态林和景观林可以在连片造林区构筑绿色通道，为民众休闲休憩活动提供场所；依托林区建设的公园和凉亭等配套基础设施的完善也满足了市民绿色休闲和幸福指数提升的需求（薛艳杰，2010），贯穿着生态文明理念与内涵的造林工程的建设，在改善城市居住环境的同时，也让群众意识到了保护周边环境的重要价值，普遍提高了项目区周边农户和居民环保意识，居民参与生态建设的积极性高涨（冯雪，2016）。

在平原造林工程的生态效益方面，平原造林工程不仅在防风固沙、调节气候、净化空气、维护生物多样性等方面发挥着巨大作用（国政，2011），而且有利于缓解热岛效应、提升生态基础设施、美化城市景观，从而促进世界城市建设（王成，2012）。

在造林工程管护效果方面，造林工程中形成的森林公园和绿道为农户提供了游憩休闲的场所，而造林区内如公厕、凉亭、长凳等基础设施的配备情况和卫生状况都会影响到游憩者的感知与体验。不合理的林间步道设计、欠缺的公共厕所设施都会降低游憩者的感知价值（周璐，2014）。

在造林工程补偿效果方面，部分林区的建设需要征用农户的耕地，农户将土地流转用于造林并获取相应的补偿效果，对于土地依赖度较高的农户来说，土地补偿收入是其主要的收入来源，是他们对造林工程满意度评价的核心（王心良，2011）。现有的补偿效果研究主要关注补偿标准、补偿模式、补偿分配和补偿程序四个方面。补偿标准是指农户预期的补偿所得和实际到手的补偿款（袁哲伟，2013）；补偿模式主要研究现有的一次性发放所有补偿费的补偿方式对农户生存、保障、发展等方面的影响；补偿程序主要是指征地通告、调查确认、方案制定、农户参与、矛盾调解等程序的开展状况；而补偿分配环节中主要涵盖补偿标准差异性、补偿分配公平性等指标（谭术魁，2012）。

3. 指标体系构建的理论依据分析

2012 年春天，胡锦涛等党和国家领导同志在北京市参加全民义务植树活动时提出："北京要真正成为首善之区，必须在绿化美化工作中走在前面"，为北京市启动大规模平原造林工程指明了方向，也奠定了工程"建设生态文明、为市民构建绿色家园"的理念。工程在建设中坚持以人为本，在改善人居环境、优化林区周边道路的建设、拓展市民的休闲空间、倡导健康的生活理念、提高居民环保意识等方面都产生了明显的社会效益。因此在构建农户满意度测评体系时，应当将工程的社会效益纳入指标体系的准则层，并下设"提供休憩场所、配备公共服务设施、改善周边交通状况"等具体指标。

平原造林工程坚持生态优先，利用自然基底构建城市森林，由于平原造林规划区造林之前多是荒地、河滩或者其他非林地，有关研究表明林地的建设对当地降温增湿、噪音衰减的影响较大，而且在城市空气净化、保护生物多样性等方面也发挥着巨大的环境效益，对提高北京市民的生活质量有着重要的意义。因此，在土地流转农户对平原造林工程的效益进行满意度评价时，应当将其对于工程环境效益的评价作为重要的准则层，在该准则层下，选择农户容易感知到的"空气净化、噪音减少、防风固沙、温度调节、景观美化、树种多样"等效益作为具体的评价指标。

此外，相比于一般的造林工程，平原造林工程除了有增加植被覆盖、净化空气的目的，还注重植被的观赏效果。比如工程因地制宜规划打造多个郊区公园，旨在改善城市环境面貌、全面地展现首都生态文明新形象。而造林工程涉及的农户大多生产生活与平原造林工程关系密切，所以他们更能从工程建造的城市公园和加强公园景观维护的工作中获益。因此，在建立农户满意度评价指标体系时，也应将造林区域内景观"管护效果"纳入满意度评价的准则层，并从林区植被管护、林区卫生状况、林区道路的维护等方面对工程管护的效果进行评价。

平原造林工程通过在荒地和部分耕地建设生态林，不仅为发展林下经济创造了条件，也有助于培育专业化的苗木公司，拉动林业产业的发展，在美化环境的同时调整农村经济结构，优化生产要素的配置，最终推动农户生产方式和经济增长方式的转变。因此在构建利益相关者满意度指标体系时，不应忽视农户对工程带动林下经济发展、促进周边产业发展等经济效益的评价。

除了考虑平原造林工程的社会、环境、经济效益和管护的效果，还应当关注农户的征地和补偿问题。中国的核心问题是农民问题，而农民问题的核心是土地问题，平原造林工程征地过程中农民和政府部门之间矛盾、征地补偿标准的确定、补偿程序的规范等问题的妥善解决不仅是工程能否顺利运营的关键，也关系到地区的经济发展和长期稳定。所以，研究农民对工程"补偿效果"的满意情况，将"补偿效果"作为准则层纳入利益相关的农民群体的满意度测评体系中，有利于增加测评体系的合理性。在设置具体指标对工程补偿效果进行评价时，首先要关注补偿分配，比如政府制定的补偿标准，农户实际收到的补偿金额等主要问题；第二是关注补偿程序，即了解农民对工程补偿的及时性、透明度、公平性等指标的满意状况；第三是关注补偿监督，设置补偿过程中征求民意情况、补偿政策的宣传情况、征地过程中矛盾的调节情况等指标。

三、评价指标体系的构建

1. 指标体系构建原则

构建农户对平原造林工程满意度评价指标体系，我们除遵守前述的工程绩效评估指标体系构建的共同原则外，还需重点遵循以下原则。

系统性原则。北京市平原造林工程是一项系统工程，涉及内容众多。所以相关农户对一期造林工程满意度评价中涉及的指标要能系统性地反映工程的实施效果，做到尽可能完善全面。

可行性原则。反映平原造林工程农户满意度的指标应尽可能地易于理解、数量合理以保证指标数据能够方便采集，并排除共线性较高的指标，指标设计尽可能易于操作和切实可行。

可比性原则。北京市平原造林工程涉及 14 个区，不同地区经济地理条件和对平原造林工程的宣传力度不尽相同，所以不同区域农户对造林工程满意度的认知也不尽相同。设计的指标除需要能反映不同地区农户对平原造林工程经济、社会、环境等方面的满意程度外，指标在统计和内涵口径上具有可比性是不同地区现实状况对比的基础，也方便之后提出因地制宜的政策建议。

2. 指标体系的构建

基于前述分析，北京市平原造林工程是在污染天气频发、雾霾严重的背景下开展的。其目标是通过在平原地区建设大面积、多功能、高水平的城市森林和郊野公园,来改善地区生态环境,美化城市景观,增加人民福祉。因此,该工程不仅具有传统的生态效益,还能改善民生的社会效益、带动农村产业转型的经济效益。本研究结合上文中的平原造林一期工程的实施现状和存在的问题、相关文献依据、农户的主要关注点和理论依据分析等四个方面,初步设计了包含5个二级指标、24个三级指标的北京市平原造林工程农户满意度评价指标体系,如见表4-1所示。

表4-1 初始农户满意度评价指标体系

目标层	准则层	指标层
农户对北京市平原造林工程总体满意度A1	经济效益 B1	带动周边产业发展的作用 C1
		促进林下经济发展的效果 C2
		促进农业生产发展 C3
		提升周边地价 C4
	社会效益 B2	提高居民的环保意识的作用 C5
		提供休憩场所的作用 C6
		公共服务设施配备效果 C7
		改善周边交通状况的作用 C8
	生态效益 B3	空气净化作用 C9
		减少噪音作用 C10
		防风固沙作用 C11
		景观美化作用 C12
	补偿效果 B4	标准补偿金额满意度 C13
		实际到手补偿金额满意度 C14
		补偿形式满意度 C15
		补偿的及时性满意度 C16
		补偿的透明性满意度 C17

续表

目标层	准则层	指标层
农户对北京市平原造林工程总体满意度 A1	补偿效果 B4	补偿政策宣传满意度 C18
		补偿政策制定过程满意度 C19
		征地过程中矛盾调解效果满意度 C20
	管护效果 B5	植被管护效果满意度 C21
		林区景致满意度 C22
		环境卫生状况满意度 C23
		林区道路设置满意度 C24

为了确保评价指标体系构建的合理性和准确性，本研究采用专家意见咨询法对初始农户满意度评价指标体系进行筛选。相关研究领域的专家和平原造林工程一线管理人员对指标体系提出的意见和建议如下：

（1）平原造林工程对农业生产方式的影响主要体现在为林下经济的发展创造了有利条件，耕地用于造林后，农户围绕林区进行农业生产，因此指标 C3 和 C2 的含义存在交叉重合，指标 C2 的表述更为清晰，将"指标 C3"删除。

（2）平原造林工程的开展带动周边森林旅游产业的开发，进而可能会带动林区周边地价的提升，但造林工程效益评价和地价提升之间缺乏直接关联，将"提升周边地价指标 C4"删除。

（3）对林区景致的评价实质上反映的是工程美化景观的生态效益，所以指标 C22 与 C12 应当合并，归入生态效益评价准则层下，将指标 C22 删除。

（4）平原造林具有增加生物多样性和缓解城市热岛的作用，根据专家意见，在生态效益准则层下增加"降低温度""林木树种多样性"相关评价指标。

（5）农户对工程的补偿效果进行评价时，会比较自己获得的补偿和他人之间存在的差异，不患寡而患不均，所以根据专家意见，在补偿效果准则层下增加反映补偿公平性的相关指标。

在对不符合评价目标的指标进行删减并增加反映工程调节温度、增加树种多样性和补偿公平性的指标后，得到最终的平原造林工程农户满意度评价指标体系如表4-2所示。

表4-2　农户满意度评价指标体系

目标层	准则层	指标层
农户对北京市平原造林工程总体满意度 A1	经济效益 B1	带动周边产业发展的作用 C1
		促进林下经济发展的效果 C2
	社会效益 B2	提高居民的环保意识的作用 C3
		提供休憩场所的作用 C4
		公共服务设施配备效果 C5
		改善周边交通状况的作用 C6
	生态效益 B3	空气净化作用 C7
		减少噪音作用 C8
		防风固沙作用 C9
		降低温度作用 C10
		树木品种多样性作用 C11
		景观美化作用 C12
	补偿效果 B4	标准补偿金额满意度 C13
		实际到手补偿金额满意度 C14
		补偿形式满意度 C15
		补偿的及时性满意度 C16
		补偿的公平性满意度 C17
		补偿的透明性满意度 C18
		补偿政策宣传满意度 C19
		补偿政策制定过程满意度 C20
		征地过程中矛盾调解效果满意度 C21

续表

目标层	准则层	指标层
农户对北京市平原造林工程总体满意度 A1	管护效果 B5	植被管护效果满意度 C22
		环境卫生状况满意度 C23
		林区道路设置满意度 C24

经济效益方面的评估指标有带动周边产业发展的作用（C1）和促进林下经济发展的效果（C2）。

社会效益准则层包含提高居民的环保意识（C3）、提供休憩场所（C4）、配备公共服务设施（C5）、改善周边交通状况（C6）等四个指标。

生态效益方面的评价主要包含空气净化（C7）、减少噪音（C8）、降低温度（C10）、增加品种多样性（C11）等内容，同时将防风固沙（C9）和景观美化（C12）也一并纳入生态效益评价范围，以便完整考查农户对工程生态效益方面的满意度。

补偿效果方面的评价。补偿效果主要关注工程在补偿标准、补偿分配、补偿程序方面的实施成效。补偿标准的主要评估指标为标准补偿金额满意度（C13）和实际到手补偿金额满意度（C14）；补偿分配主要反映补偿的公平和公开程度，具体评估指标包括补偿形式（C15）、补偿及时性（C16）、补偿公平性（C17）和补偿透明性（C18）；补偿程序关注补偿政策制定到实施的一系列过程，具体评估指标包括补偿政策宣传（C19）、补偿政策制定（C20）和征地过程中矛盾调解（C21）。

管护效果方面的评价。一般的造林工程以净化空气、固土培源为目标，平原造林工程还注重植被的观赏效果。工程因地制宜规划打造多个郊区公园，旨在改善城市环境面貌、全面地展现首都生态文明新形象。而林区及公园的管护效果也会影响农户对工程的整体印象。造林区域内景观"管护效果"的考量集中在林区植被、林区卫生、林区道路等三方面的内容，具体评估指标包括林区植被管护效果（C22）、林区卫生状况（C23）和林区道路建设（C24）。

第二节　调研地概况与问卷设计

一、调研地概况

在 2012—2015 年期间，大兴、通州和顺义等 14 个区按照各地区实际情况分别完成了不同数量、不同面积和不同树种比例的造林任务，显著增加了各地区的森林资源，平原造林工程使得北京市林地斑块数量显著增加，森林分布格局也进一步得到优化。

本研究选取北京市大兴区、通州区、房山区、延庆区和昌平区开展调研，其原因在于：这五个区都属于平原造林工程实施区，但这五个地区的地理位置、森林覆盖率和社会发展情况有较大的差异：大兴区和通州区在北京市的东南部，工程造林面积大分别位居第一、第二位，约占据了造林总面积的 35%，工程管理的系统化程度相对较高；昌平区、延庆区和房山区位于北京北部和西南部，区内山区平原相混合，旅游资源禀赋相对较好，造林工程实施后平原造林区和山区森林相映成趣，工程带动地区旅游产业发展的效益较为明显。因此，这五个区的造林重点乡镇可以作为北京东南和西南部及北部地区的典型代表，基本反映北京市平原造林工程的实施情况。

（1）房山区石楼镇

房山区石楼镇位于北京市西南方，属于适合农业发展的平原地区，但是，因为受到当地重工业发展的影响，石楼镇的水土长期被污染，部分土地减产甚至荒置，一定程度上影响了依赖农产品创收的当地农户的经济来源。2012年平原造林工程的开展为解决农户的收入难题提供了契机，多数农户通过转让土地直接获得政府财政补贴，可以获得比农产品种植更多的经济收入。截至目前，石楼镇已有70%的农户自愿流转土地用于平原造林。石楼镇造林选用的树种多样，其中观景桃树面积较大，且主要分布在道路两侧，春季繁花似锦，秋季落叶缤纷，美化环境的效果显著。造林区的养护工作由镇上统一管理，当地政府聘用有资质的养护公司，将林区的养护工作承包给该公司，由公司负责成立养护队管理造林区，根据季节性的养护需求聘用人工，60%的养护人员是当地的农户。无论是当地农户还是外来务工人员，养护队员与养护公司之间都没有长期的劳务合同。

（2）通州区张家湾镇

通州区张家湾镇位于北京市的东南部，全镇共计19个村参与了平原造林工程。因平原造林工程的开展，张家湾镇从2012—2015年累计造林1.4万亩，根据当地的地理环境，规划建设了包含白蜡、银杏、松树、毛白杨、夹竹桃等20多个品种的平原林区。张家湾镇1.4万亩林地中，包含6000亩低洼藕地。通过改造经济效益较差的低洼藕地，修建集水坑，因地制宜设计适宜潮湿环境的树种，改善了当地的环境。同时，对包含低洼藕地在内的全部造林区，政府财政按照1500元/亩/年的补偿标准向平原造林土地流转农户支付补贴。目前，造林使得全镇林区的总占地规模超过耕地，改变了大多数以往主要从事农业种植的农户的生产生活方式。

（3）大兴区魏善庄镇

大兴区魏善庄镇位于北京市南部，临近京沪高铁，自2012年起在高铁两侧修建绿化带，2013—2015年征收各村的耕地进行平原造林建设，截至目前造林面积已累计约 2.8 万亩。为了推进平原造林工程顺利开展，大兴区各镇林业站成立专项平原造林办公室，负责对造林前期土地流转、中期林区建设管理和后期建成林的养护等工作提供指导。魏善庄镇的平原造林工程采用"流转＋养护"的模式，将土地流转用于平原造林的农户不仅可以获得 1500 元/亩/年的流转补贴和镇上发放的1000 元/亩/年的额外补贴，还可以获得养护林区的就业机会。镇上成立养护公司，公司在各个村下设小组，由各组组长传达公司精神，协助公司验收林区养护成果。养护公司按照 10 亩/人的标准聘用当地农户参与养护工作，约提供了 3000 个工作岗位，每个岗位每年按照 8000 元/10 亩的标准获取劳动报酬，合同一年一签，合同完成度高的农户有机会承包更多的林区，不仅带动了失地农户的就业，也有利于林区造林效果的提升。

(4) 延庆区永宁镇

永宁镇位于延庆区中部，是延庆区的第二大镇，由于历史悠久，又在葱郁的山脚下，永宁古城利用得天独厚的地理优势成为附近居民的旅游观光胜地。延庆区是北京市重点生态保护区，一直以来高度重视绿色事业的发展。从 2000 年开始，延庆区立足于"生态涵养区"的功能定位，开展了大规模的荒滩、河道治理工作，提高了当地的森林覆盖率，改善了生态环境。2014 年又积极响应北京市政府平原造林的号召，造林近 2.5 万亩。在造林工程实施前期，为了保障在工程中被征用土地农户的生活，延庆区政府给予了被征地农户等额的流转补助，同时，为了保障工程实施的质量，延庆区政府聘用了苗木检疫、林保等专业技术人员提供造林现场指导。虽然平原造林工程在当地实施时间较短，但是凭借当地肥沃的土壤条件，国槐、白桦、油松等 60 多种苗木迅速生长，在减少水土流失，涵养水源方面发挥着越来越大的作用。平原造林工程的开展，也为永宁镇提供了拓展森林生态旅游产业的契机，带动了当地旅游、服务产业的发展，为当地居民提供了更多创收的机遇。

（5）昌平区南口镇

昌平区南口镇位于昌平西北部，是具有 1600 余年文化的历史名镇，它北依太行、燕山山脉，南拥华北平原，山前平原开阔，具有适宜平原造林的地理条件。自 2012 年北京市启动平原造林工程以来，昌平区政府高度重视该项生态建设工作。在 2012—2017 五年间，该区在平原造林管理中心的指导下，拆违还绿、见缝插绿、织平原绿网、绘城市绿景，共完成造林面积近 13 万亩。南口镇紧跟昌平区大力推进生态文明建设的步伐，建立包含油松、国槐、黄栌等多种苗木的林区，为各种动物、珍稀植物提供了良好的生存栖息环境，在保护生物物种及遗传多样性方面发挥了重要作用。林区夏季郁郁青青秋季红叶连天，也有利于景观美化。

二、问卷设计

根据设计出的农户对平原造林工程满意度评价指标体系设计调查问卷。问卷主要分为以下部分：第一，工程中土地流转农户的户主特征和家庭特征；第二，农户土地流转的情况；第三，农户对工程的满意度评价；第四，农户参与平原造林二期工程的行为意向。其中，满意度测评的目标层为平原造林一期工程农户满意度，共包括工程经济效益满意度、生态效益满意度、社会效益满意度、补偿效果满意度、管护效果满意度等五个二级指标构成的准则层，以及"提供休憩场所、公共服务设施配套、美化景观、防风固沙"等 24 个三级指标构成的指标层。进行满意度评价需要构建李克特五级量表，本文根据满意度评价问题的具体特征，设计评价目标层 {很不满意，不满意，一般，满意，很满意} 或 {很差，差，一般，好，很好}，五个等级对应的评价分值为 k = {1，2，3，4，5}，满意程度越高，得分越高。

综上，依据农户满意度评价指标体系确定的五个维度，与结合工程实际选取的 24 个具体的满意度评价指标，最终形成了北京市平原造林工程相关农户满意度调查问卷（见附录）。

第三节 数据来源与描述性统计

一、调查样本的来源

北京市平原造林工程涉及 14 个区，本研究主要针对北京市东南和西南及北部地区造林面积较大、具有代表性的大兴、通州、房山、延庆、昌平等五个区的土地流转农户进行调查。在农户选择方面，首先根据参与造林的乡（镇）名单在各区随机抽取一个乡镇，然后继续按照随机原则在被抽取的乡镇中选择 2~3 个村庄，合计抽取村庄个数 12 个，最后根据村庄内的平原造林工程土地流转名单，在每个村庄随机抽取 20~30 名农户进行调查。课题组于 2016 年 12 月至 2017 年 4 月期间，采用一对一问卷访谈的形式，共调查农户 292 家，得到有效问卷 266 份，有效率为 91%。各个地区问卷收集情况如表 4-3 所示。

表 4-3 各地区问卷收集情况

分区	分镇	数量	分村	数量
房山区	石楼镇	37	杨驸马村	20
			大次洛村	17
通州区	张家湾镇	50	后街村	26
			后南关村	24

分区	分镇	数量	分村	数量
大兴区	魏善庄镇	58	大刘各村	18
			北研垡村	21
			魏善庄村	19
延庆区	永宁镇	87	太平街村	30
			阜民街村	33
			东灰岭村	24
昌平区	南口镇	60	西李庄	35
			东李庄	25

注：数据来源于调查问卷。

二、样本描述性统计分析

调查问卷涉及的可能影响农户个体满意度的因素涵盖个体特征、社会特征、补偿特征等方面。其中，个人特征为性别、年龄、文化程度、宗教信仰、政治面貌、环保意识、参与造林工程意愿、对工程了解程度、收入水平等九个方面。社会特征包含职业变动、家庭收入增减情况等两个方面。补偿特征包括征地面积、补偿金额、土地净收益增减情况等三个方面。其中有些影响因素可以直接量化，而大多数影响因素属于定性因素，为了方便研究分析、简化数据处理过程，本文对这些定性因素虚拟化处理，结果如表4-4所示。

表4-4　农户个体特征和社会特征虚拟化处理结果

个体属性		赋值					
		0	1	2	3	4	5
个体特征	性别	女	男				
	年龄（岁）		19~29	30~39	40~49	50~59	≧60

续表

个体属性		赋值					
		0	1	2	3	4	5
个体特征	文化程度		小学以下	小学	初中	高中/中专	大专及以上
	宗教信仰	无	有				
	政治面貌	非党员	党员				
	环保意识		差	一般	好		
	参与方式	不积极	积极				
	了解程度		不了解	一般	很了解		
	家庭年收入（元）		<1万	1万~3万	3万~5万	5万~7万	>7万
社会特征	职业变动	不变	变化				
	收入变动	基本不变	显著增加				
补偿特征	补偿金额（元）		<1000	1000~2000	≧2000		
	征地面积（亩）		<5	5~10	>10		
	土地净收益	基本不变	显著增加				

通过整理问卷收集到的信息，可以了解到样本数据的个体特征和社会特征（见表4-5）如下：

（1）在性别比例一栏中，男性130人，占样本总量的49%，女性136人，约占样本总量的51%，样本数据中男女比例基本相当，男性略少于女性。

（2）从年龄角度来看，因为抽查对象基本是户主，所以样本年龄都>18岁。其中，19~29岁1人，占样本总量0.4%；30~39岁的群体有6人，占样本总量2.3%；40~49岁61人，占样本总量20%；50~59岁121人，占样本总量43.6%；60岁及以上77人，占样本总量29%。

样本平均年龄为55.97，50岁以上占比74.4%，说明青壮年劳动力多外出打工，所以平原造林样本区被调查对象中中老年人居多。

（3）从文化程度角度来看，小学以下13人，占样本总量的4.8%；小学34人，占样本总量的12.8%；初中166人，占样本总量的62.4%；高中和中专44人，占样本总量的16.5%；大专及以上9人，占样本总量的3.4%。研究区域学历为初中及以下的占比约为80.1%，说明平原造林工程样本区域农户的文化程度偏低。

（4）在宗教信仰中，有宗教信仰的9人，占样本总量3.38%；无宗教信仰257人，占样本总量96.6%。说明受访人群的宗教信仰比较单一，有宗教信仰的农户比例低。

（5）在政治面貌方面，党员有45人，占样本总量的16.9%；非党员有221人，占样本总量的83.1%。说明受访农户的入党比例较低，政治面貌多是普通民众。

（6）在环保意识方面，认为环保问题非常重要的人有244人，占样本总量的91.7%；认为环保问题不重要或者一般重要的人有22人，占样本总量的8.3%。说明近年来随着雾霾等环境问题的日益突出，居民对环保话题的关注度与日俱增，居民的环保意识有了普遍的提高。

（7）关于造林工程的参与方式，积极参与造林工程的有260人，占样本总量的97.7%。较不积极参与造林工程的人仅有6人，占比仅为2.3%。说明对大多数平原造林工程相关农户参与工程的积极性较高。

（8）在对平原造林工程了解程度方面，不了解工程的有43人，占样本总量的16.2%。对工程了解程度一般的有182人，占样本总量的68.4%；很了解工程的有41人，占样本总量的15.4%。说明土地流转农户虽然与工程的建设密切相关，但是受到文化程度和地方政府宣传效果的影响，大多数农户只了解工程中涉及的土地补偿政策，对工程的具体规划和建设目标了解甚微。

（9）在家庭收入水平方面，年收入低于10000元的11人，占样本总量的4.2%；10000~30000元的66人，占样本总量的24.8%；30000~50000元的54人，占样本总量的20.3%；50000~70000元的46人，占样本总量17.2%；年收入高于70000元的89人，占样本总量的33.5%，样本年收入平均水平约为58200.61元。

（10）从职业变动情况来看，120名被调查农户因为土地流转不再从事务农，转而赋闲在家，或者外出打工从事清洁、维修等工作，这部分群体占到总样本的45.1%；而仍有近54.9%的农户仍保留一部分耕地未参与流转，这部分样本农户在获得土地流转补助的同时，仍可以从事农业生产和销售活动。

（11）在农户家庭收入的变化情况方面，有76名农户相较于参与工程前，收入发生了显著增加，占总样本的28.6%，这部分农户也多是因为土地流转发生职业转变的群体，劳动力从土地中解放出来，他们有了更多的时间和精力从事服务业或工厂加工赚取额外的收入；190名被调查农户的收入未表现出显著的增长，其主要原因是这部分样本农户的年龄较大，劳动能力较弱，职业转型后增收效果并不显著。

（12）在征地面积方面，有68%的农户流转土地低于5亩，22.5%的农户流转土地5~10亩，只有不足10%的农户流转土地较多，达到10亩以上。土地流转面积的差距一方面是受到农户传统观念的影响：部分农户群体对土地依恋程度较强，所以仍保留土地继续耕作；另一方面是受当地平原造林规划的影响，农户占用的土地较为零散，未包含在当地的整体造林规划区内，所以参与流转的面积较低。

（13）在补偿金额方面，32.7%的农户认为实际到手的补偿标准较低，而67.3%的农户除了收到北京市标准的1500元/亩/年的补偿外，还会收到额外的补助，补助金额较高区域的农户对参与平原造林工程土地流转的热情较高，但仍表达出希望补偿标准随物价变动逐年递增的期望。

（14）从土地净收益增减情况来看，201 名被调查农户表示土地净收益基本未发生增长变化，占总体的75.5%，该部分农户群体同时表示：虽然现有的土地流转补偿与原有的务农收入持平，但是空闲时间的增多为他们职业转型提供了契机。

因为选取的平原造林样本区，主要是北京周边农村，这些地区的青壮年劳动力多外出打工，从事务农和直接参与造林工程土地流转活动的大多是中老年群体，这些农户群体的文化水平较低、收入水平较低、想要通过流转土地增加土地净收入的意愿较强。调查数据基本可以反映被调查区域的实际情况，能够满足本次研究的需要。

表4−5 调查对象基本信息表

类别	选项	数量（人）	所占百分比%	累积百分比%
性别	男	130	49.0	49.0
	女	136	51.0	100.0
年龄	19−29 岁	1	0.4	0.4
	30−39 岁	6	2.3	2.7
	40−49 岁	61	23	25.7
	50−59 岁	121	45.5	71.2
	≥60 岁	77	28.8	100.0
文化程度	小学以下	13	4.8	4.8
	小学	34	12.8	17.6
	初中	166	62.4	80.2
	高中/中专	44	16.5	96.7
	大专及以上	9	3.3	100.0
宗教信仰	有	257	96.6	96.6
	无	9	3.4	100.0

类别	选项	数量（人）	所占百分比%	累积百分比%
政治面貌	非党员	221	83.1	83.1
	党员	45	16.9	100.0
环保意识	差	3	1.2	1.2
	一般	19	7.1	8.3
	好	244	91.7	100.0
参与方式	不积极	6	2.3	2.3
	积极	260	97.7	100.0
了解程度	不了解	43	16.2	16.2
	一般	182	68.4	84.6
	很了解	41	15.4	100.0
家庭年收入	<10000 元	11	4.2	4.2
	10000~30000 元	66	24.8	29.0
	30000~50000 元	54	20.3	49.3
	50000~70000 元	46	17.2	66.5
	>70000 元	89	33.5	100.0
职业变动情况	不变	120	45.1	45.1
	变动	146	54.9	100.0
家庭收入变动	基本不变	190	71.4	71.4
	显著增加	76	28.6	100
征地面积	<5 亩	181	68.0	68.0
	5－10 亩	60	22.5	90.5
	>10 亩	25	9.5	100
补偿金额	<1000 元	18	6.7	6.7
	1000~2000 元	143	53.8	60.5
	≧2000 元	105	39.5	100.0
土地净收益变动	基本不变	201	75.5	75.5
	显著增加	65	24.5	100.0

第四节 北京平原造林工程农户满意度的模糊评价

国内外关于城市绿化工程相关农户满意度的研究较少，还没有形成系统的评价方法。同时，满意度评价存在一定的主观性和模糊性，难以通过层次分析、因子分析等常规评价方法对土地流转农户的满意度进行精确的测算。而模糊分析法在处理定性、不确定性的问题方面有着显著的优势。因此，本部分选择模糊综合评价的理论与方法，根据土地流转农户的满意情况对平原造林一期工程的实施效果进行综合绩效评价。

一、模糊评价理论与方法

模糊综合评价建立在模糊数学的基础上，它打破了人们追求客观事物精确性的惯性，按照人们思维的特征，提出模糊集合的概念。结合现实的经济和管理领域很多概念具有模糊性的特征，模糊综合评价为无法精准定量而只能停留在定性判定的因素评价提供了有力的工具。运用模糊综合评价法离不开对评价模型的构建和评价要素的确定。具体来说，模糊综合评价需要以下几个步骤：

1. 确定评价的主客体

确定评价主体是构建评价模型的前提，评价主体决定了评价指标体系的设计，从而影响满意度评价的结果。因为政府对其提供公共服务的实际情况最为了解，所以有主导公共服务评价的传统，但是这种由政府单向进行的传统评价相对封闭，不利于政府了解外部信息以提升公共服务水平。基于这点，本书认为，政府公共服务满意度评价的主体，应该涵盖接受服务的相关群体或者利益相关者。结合本书研究的实际，评价的主体就是北京市所属各区参与平原造林工程土地流转的农户，评价的对象是北京市平原造林工程的实施效果。

2. 确定评价的指标体系

在指标选取过程中，要遵循是否能反映研究对象具体特征的标准。继而将选定的一个个指标组成评价指标体系，对一个事物做出整体的评价。评价指标体系中涵盖的指标都要与民众的切身利益相关，且能被感知到。

3. 评价指标权重赋权

权重赋值是满意度评价的重要内容之一，建立好指标体系之后，即要对每一个指标进行赋权。确定权重可以根据专家打分等主观赋权法、也可采用因子分析等客观赋权法，还可以将两者结合起来确定权重。相较而言，客观赋权法虽然有较强的数学依据，但是没有考虑评价者的主观意向，而主观赋权法可以反映评价者对评价对象各属性的重视程度，特别是 AHP 法可以将复杂问题层次化，将定性问题定量化，更加符合农户对造林工程评价的实际过程。确定各级指标的权重后，将权重记为 A，$A = (A_1, A_2, A_3, \ldots, A_m)$，满足 $\sum_{i=1}^{m} A_i = 1$。

4. 确定综合评价因素集及评语集

对政府造林工程的满意度评价指标体系中的一级和二级指标，可以通过确定因素集的数学方式将它表现出来。比如：一级指标可以记为 $U = (U_1, U_2, U_3, \ldots)$，一级指标下的二级指标可以表示为 $U_1 = (U_{11}, U_{12}, U_{13}, \ldots)$，其中 U_{11} 就表示第一个一级指标下的第一个二级指标。

评语集是农户对于城市造林工程这项政府公共服务的评价，评价结果可能是满意、不满意或一种中间状态。多个评价等级构成评价的集合，即评语集 V，$V = (V_1, V_2, V_3, \ldots, V_n)$。对满意度进行研究时把评语设置为五个等级，评语集表示为 $V=$（非常满意，比较满意，一般，比较不满意，非常不满意），为了将满意度评价结果用分数直观表现，把选择"非常满意"对应 100 分，逐次降序 20 分以此类推，"非常不满意"对应最低分 20 分。评分结果与各指标权重结合算出农户对造林工程满意度的量化得分。

5. 建立模糊评价模型

设评价对象为 Q，已确定其因素集 $U=(U_1,U_2,U_3,\ldots,U_m)$ 和评语集 $V=(V_1,V_2,V_3,\ldots,V_n)$。根据因素集中每一个指标计算出对应的

频率，就可以组成矩阵 R 如下所示：$R=\begin{bmatrix} r_{11} & r_{12} & \cdots & r_{1n} \\ r_{21} & r_{22} & \cdots & r_{2n} \\ r_{31} & r_{32} & \cdots & r_{3n} \\ r_{m1} & r_{m2} & \cdots & r_{mn} \end{bmatrix}$，并根据

各级指标确定的权重集合 $A=(A_1,A_2,A_3,\ldots,A_m)$，权重向量乘以对应的分数得到模糊聚集 $B=A\cdot R$。再引入评语集 V，根据公式 $F=V^T*B$ 得到满意度的整体估计值。

二、满意度指标权重确定

在模糊综合评价中，各指标因素权重的选取是评价的基础，对评价的结果有重要的影响。常用的赋权方法分为定性分析法如德尔菲法，以及定量分析法如主成分分析法。但是，定性分析法主观性较强，而定量法对客观数据要求很高，皆存在一定的弊端。受个体特征和外界环境的影响，不同农户的满意度不尽相同，且具有很强的主观性，而 AHP（层次分析法）通过定性和定量分析相结合来确定指标体系的权重，综合利用专家的主观判断和定量分析，有利于解决多层次、主观性较强的

复杂问题,在模糊综合评价确定指标权重方面有一定的优势。因此本文采用 AHP 方法确定农户满意度评价指标体系中各指标的权重。

运用层次分析法,最重要的是通过评价指标判断矩阵的构建。本文将各准则层下的相关指标 a 和 b 进行两两对比,根据专家意见和通过实际调研中农户的反馈情况,确定哪个指标更为重要;并根据指标重要性的比较结果利用统计软件 yaahp10.1 按照 1~9 标度法给出指标 a 相对于指标 b 的比较得分,并对判断矩阵进行一次性检验。

(1)首先,计算满意度评价指标体系的准则层中各指标的权重,准则层包括生态效益、经济效益、社会效益、补偿效果、管护效果五个指标。对这五个指标采用 1~9 标度法进行评价指标权重的重要性评判,得到表 4-6 所示的评判矩阵。按照 AHP 计算方法,可以得出判断矩阵的特征向量为:A = (0.1972, 0.2108, 0.0871, 0.0526, 0.4524),矩阵的最大特征根为 5.3004,一致性检验结果小于 0.1,说明判断矩阵的逻辑性构建合理,所求的赋权结果有效。

表4-6 准则层评价指标的判断矩阵

	生态效益	经济效益	社会效益	管护效果	补偿效果
生态效益	1	1	3	5	1/4
经济效益	1	1	4	4	1/3
社会效益	1/3	1/4	1	2	1/3
管护效果	1/5	1/4	1/2	1	1/5
补偿效果	4	3	3	5	1

(2)按照准则层确定各指标权重的方法,可以利用 yaahp10.1 确定各准则层内部各指标的权重,综上,可求得平原造林工程农户满意度指标体系赋权结果如表 4-7 所示。

表 4-7　评价指标体系及其赋权结果

一级指标及权重		二级指标	二级指标权重
满意度评价体系	经济效益 0.2108	带动周边产业发展的作用	0.7500
		促进林下经济发展的效果	0.2500
	社会效益 0.0871	提高居民的环保意作用	0.3276
		提供休憩场所的作用	0.1477
		公共服务设施配备效果	0.0830
		提高交通的便利性的作用	0.4417
	生态效益 0.1972	空气净化作用	0.3362
		减少噪音作用	0.0720
		防风固沙作用	0.2831
		降低温度作用	0.1033
		树木品种多样性作用	0.0516
		景观美化作用	0.1538
	补偿效果 0.4524	补偿标准满意度	0.1997
		实际到手补偿金额满意度	0.1775
		补偿形式满意度	0.0401
		补偿的及时性满意度	0.0783
		补偿的公平性满意度	0.2442
		补偿的透明性满意度	0.0544
		补偿政策宣传满意度	0.0490
		补偿政策制定过程满意度	0.0611
		征地过程中矛盾调解效果满意度	0.0957
	管护效果 0.0526	植被管护效果满意度	0.6738
		环境卫生状况满意度	0.1007
		林区道路设置满意度	0.2255

为了模糊综合评价计算的需要，从表4－7中可以读取准则层和指标层的权重向量如下所示：

（1）准则层因素的权重向量

A ＝（0.1972，0.2108，0.0871，0.0526，0.4524）

（2）生态效益因素的权重向量

A1 ＝（0.3362，0.2831，0.1538，0.1033，0.0720，0.0516）

（3）经济效益因素的权重向量

A2 ＝（0.7500，0.2500）

（4）社会效益因素的权重向量

A3 ＝（0.4417，0.3276，0.1477，0.0830）

（5）林区管护效果因素的权重向量

A4 ＝（0.6738，0.2255，0.1007）

（6）补偿效果因素的权重向量

A5 ＝（0.2442，0.1997，0.1775，0.0957，0.0783，0.0611，0.0544，0.0490，0.0401）

三、模糊评价的过程与结果

根据满意度综合评价原理，并结合问卷调查中获取的数据，可以对北京市平原造林工程农户的满意度进行综合评价。

（1）建立准则层

首先，建立准则层因素集 $U ＝（U_1，U_2，U_3，U_4，U_5）$，其中，U_1、U_2、U_3、U_4、U_5 分别代表工程的生态效益、经济效益、社会效益、管护效果和补偿效果。

然后建立指标层因素集，生态效益评估因素集合 $U_1 ＝（u_{11}，u_{12}，$

u_{13}，u_{14}，u_{15}），而u_{11}、u_{12}、u_{13}、u_{14}、u_{15}则分别评估了工程在空气净化、减少噪音、防风固沙、降低温度、增加物种多样性、美化景观方面的作用。

$U_2 = (u_{21}, u_{22})$，其中U_2是经济效益评价因素集合，u_{21}、u_{22}评估了工程在带动样本区周边产业发展、促进林下经济发展方面的效果。

$U_3 = (u_{31}, u_{32}, u_{33}, u_{34})$，其中$U_3$是社会效益评价因素集合，$u_{31}$、$u_{32}$、$u_{33}$、$u_{34}$分别代表了工程提高居民的环保意识、提供休憩场所、公共服务设施配备、提高交通的便利性方面的作用。

$U_4 = (u_{41}, u_{42}, u_{43})$，其中$U_4$是林区管护效果评价因素集合，$u_{41}$、$u_{42}$、$u_{43}$评估了造林区植被维护效果、环境卫生状况和林区休闲步道的设置情况。

$U_5 = (u_{51}, u_{52}, u_{53}, u_{54}, u_{55}, u_{56}, u_{57}, u_{58}, u_{59})$，其中$U_5$是平原造林相关农户土地流转补偿效果评价因素集合，$u_{51}$、$u_{52}$、$u_{53}$、$u_{54}$、$u_{55}$、$u_{56}$、$u_{57}$、$u_{58}$、$u_{59}$代表了农户对补偿标准、实际到手金额、补偿形式、补偿及时性、补偿公平性、补偿透明性、补偿政策宣传、补偿政策的制定和补偿过程中矛盾冲突的调节等一系列补偿因素的满意情况。

（2）建立评语集

本文按照评价对象可能做出的各种评价结果为参考建立评语集，设置评语等级为5，即评语集为：$V = \{v_1, v_2, v_3, v_4, v_5\}$，$v_1$表示很不满意，$v_2$表示不满意，$v_3$表示基本满意，$v_4$表示满意，$v_5$表示非常满意。

（3）模糊综合评价

根据调查问卷满意度评价的统计整理结果，可以得到生态效益、经济效益、社会效益、管护效果、补偿效果等评价维度下每个问题每一项回答的人数以及他们占总调查样本的百分比。并由此建立农户生态效益、经济效益、社会效益、管护效果和补偿效果对应的模糊评价关系矩阵R_1、R_2、R_3、R_4、R_5（见表4-8），根据前文满意度指标权重确定中已知的五个准则层对应的权重矩阵，利用模糊综合评价法，采用 M（·，+）模型，对各准则层指标评价集进行处理，可以得到五个评价维度的模糊集聚 $B1$、$B2$、$B3$、$B4$、$B5$。具体如下所示：

$$B_1 = A1 * R1 = (0.023, 0.194, 0.278, 0.364, 0.168)$$

$$B_2 = A2 * R2 = (0.223, 0.601, 0.108, 0.057, 0.011)$$

$$B_3 = A3 * R3 = (0.115, 0.311, 0.277, 0.222, 0.077)$$

$$B_4 = A4 * R4 = (0.005, 0.050, 0.144, 0.604, 0.199)$$

$$B_5 = A5 * R5 = (0.008, 0.076, 0.184, 0.574, 0.154)$$

根据模糊集聚 B_1、B_2、B_3、B_4、B_5 建立模糊评价关系矩阵 R。由前文满意度指标权重确定中提取准则层因素的权重向量 A =（0.1972，0.2108，0.0871，0.0526，0.4524），计算综合评价值如下：

$$R = \begin{bmatrix} B_1 \\ B_2 \\ B_3 \\ B_4 \\ B_5 \end{bmatrix} = \begin{bmatrix} 0.023 & 0.194 & 0.278 & 0.364 & 0.168 \\ 0.223 & 0.601 & 0.108 & 0.057 & 0.011 \\ 0.115 & 0.311 & 0.277 & 0.222 & 0.077 \\ 0.005 & 0.050 & 0.144 & 0.604 & 0.199 \\ 0.008 & 0.076 & 0.184 & 0.574 & 0.154 \end{bmatrix}$$

$$B = A * R = (0.1972, 0.2108, 0.0871, 0.0526, 0.4524) *$$

$$\begin{bmatrix} 0.023 & 0.194 & 0.278 & 0.364 & 0.168 \\ 0.223 & 0.601 & 0.108 & 0.057 & 0.011 \\ 0.115 & 0.311 & 0.277 & 0.222 & 0.077 \\ 0.005 & 0.050 & 0.144 & 0.604 & 0.199 \\ 0.008 & 0.076 & 0.184 & 0.574 & 0.154 \end{bmatrix} = (0.065, 0.280, 0.261,$$

$0.395, 0.122)$

根据最大隶属度原则计算可得 $\alpha = 0.846$，研究结果"比较有效"。

表4-8　评价指标的判断矩阵和模糊聚集

一级指标	二级指标	指标权重	判断矩阵				
			很不满意	不满意	一般	满意	很满意
生态效益	C_1	0.336	0.011	0.128	0.237	0.455	0.169
	C_2	0.283	0.053	0.451	0.301	0.143	0.052
	C_3	0.154	0.011	0.064	0.154	0.425	0.346
	C_4	0.103	0.015	0.105	0.331	0.357	0.192
	C_5	0.072	0.008	0.030	0.271	0.545	0.146
	C_6	0.052	0.004	0.015	0.165	0.568	0.248
	模糊聚集		0.023	0.194	0.278	0.364	0.168
经济效益	C_7	0.750	0.218	0.575	0.124	0.068	0.015
	C_8	0.250	0.241	0.677	0.060	0.022	0.000
	模糊聚集		0.223	0.601	0.108	0.057	0.011
社会效益	C_9	0.442	0.248	0.432	0.222	0.075	0.023
	C_{10}	0.328	0.004	0.248	0.338	0.320	0.090
	C_{11}	0.148	0.004	0.053	0.300	0.429	0.214
	C_{12}	0.083	0.038	0.368	0.289	0.241	0.064
	模糊聚集		0.115	0.311	0.277	0.222	0.077
管护效果	C_{13}	0.674	0.000	0.019	0.132	0.654	0.195
	C_{14}	0.226	0.000	0.049	0.135	0.583	0.233
	C_{15}	0.101	0.053	0.259	0.244	0.308	0.146
	模糊聚集		0.005	0.050	0.144	0.604	0.199
补偿效果	C_{16}	0.244	0.019	0.203	0.346	0.376	0.056
	C_{17}	0.199	0.011	0.086	0.226	0.590	0.087
	C_{18}	0.176	0.000	0.004	0.079	0.707	0.210
	C_{19}	0.096	0.004	0.004	0.049	0.665	0.276
	C_{20}	0.078	0.008	0.015	0.056	0.680	0.241
	C_{21}	0.061	0.000	0.015	0.071	0.658	0.256

续表

一级 指标	二级 指标	指标 权重	判断矩阵				
			很不满意	不满意	一般	满意	很满意
补偿效果	C_{22}	0.054	0.000	0.015	0.211	0.605	0.169
	C_{23}	0.049	0.011	0.102	0.222	0.538	0.127
	C_{24}	0.040	0.000	0.011	0.128	0.605	0.256
	模糊聚集		0.008	0.076	0.184	0.574	0.154

因为李克特五级量表采用五级态度，每个态度分别对应一个数字区间，可以通过量化每个区间，将等级转化成分值的形式表示，并引入分数集：$V = (v_1, v_2, v_3, v_4, v_5)^T = (20, 40, 60, 80, 100)^T$，结合上文综合评价值，可以得到农户综合（如表 4-9 所示）为：

$$F = V^T * B = (20, 40, 60, 80, 100)^T * (0.065, 0.280, 0.261, 0.395, 0.122) = 71.96$$

表 4-9 满意度评价等级

等级	非常满意	满意	基本满意	不满意	很不满意
对应值	100	80	60	40	20

根据分数级和五个评价维度的模糊聚集，可以分别计算生态效益、经济效益、社会效益、管护效果和补偿效果五个维度的满意度值，计算结果如表 4-10 所示。平原造林工程农户的总体满意度为 71.96，在满意度层级上隶属于"满意"，说明工程的总体效益基本满足了农户的预期，但是工程的后期维护还存在较大的改进空间。对比总体满意度的五个评价维度可以发现：农户在二级评价维度的满意度得分值为管护效果（79.56）＞补偿效果（75.60）＞生态效益（70.82）＞社会效益（56.82）＞经济效益（40.64）。数据结果说明，农户对平原造林社会

效益、经济效益的满意度较低，拉低了总体满意度。究其原因是平原造林本身的性质和规划设计侧重于改善城市生态环境，在规划过程中注重绿地走廊和林区的建设，但是没有充分考虑农户的生态休闲需求，造林区配套公共设施不足。各地区对于造林区域的森林景观开发缺乏系统规划和大力扶持，而且部分地区为了保护林区限制农户从事林下养殖和旅游等经营性活动，使得工程带动周边生态旅游产业的作用没有得到充分发挥，带动农户增收的经济效益不明显。

表 4-10　满意度评价等级

农户满意度评价维度	模糊聚集（B_j）					去模糊后的满意值	满意度等级
	很不满意	不满意	一般	满意	很满意		
生态效益	0.023	0.194	0.278	0.364	0.168	70.82	满意
经济效益	0.223	0.601	0.108	0.057	0.011	40.64	不满意
社会效益	0.115	0.311	0.277	0.222	0.077	56.82	基本满意
管护效果	0.005	0.050	0.144	0.604	0.199	79.56	满意
补偿效果	0.010	0.076	0.184	0.574	0.154	75.60	满意
总体满意度	0.065	0.280	0.261	0.395	0.122	71.96	满意

第五节　农户总体满意度的具体分析

一、农户对生态效益满意度

根据满意度评价指标体系的赋权结果，通过一级模糊综合评价可以得到农户对生态效益的满意度评价分数为 70.82，隶属于满意。说明农户对工程的生态效益评价较高，而工程生态效益中各个具体方面的满意度状况如表4-11所示。可见，大部分农户对造林工程降低噪音的效果不满意，可能的原因是大多数农户的住所和林区相距较远，所以农户对工程降低噪音的效果感知不明显。与此同时，大部分农户对于平原造林工程在空气净化、防风固沙、调节气温、增加植被多样性和美化景观方面取得的效果满意或非常满意。这主要是因为：①土地流转用于造林，从根源上解决了秸秆焚烧的污染问题，改善空气质量的效果可观；②受地形和气候影响，北京春冬季节常有风沙大的问题，土地流转造林，建起了绿色的天然屏障，有效的抵御和减弱了风沙；③林区的建设为附近居民夏季乘凉提供了空间，相较于原有的农耕方式，造林调节气温的效果明显；④北京市平原造林的规划中，注重多个树种相搭配，春秋季节林区色彩缤纷，美化当地景观的作用显著。

表4-11　农户对生态效益满意度　　　（单位:%）

	空气净化	减少噪音	防风固沙	调节气温	植被多样性	美化景观
非常满意	16.9	5.2	34.6	19.2	14.6	24.8
满意	45.5	14.3	42.5	35.7	54.5	56.8
基本满意	23.7	30.1	15.4	33.1	27.1	16.5
不满意	12.8	45.1	6.4	10.5	3.0	1.5
非常不满意	1.1	5.3	1.1	1.5	0.8	0.4

二、农户对经济效益满意度

根据满意度评价指标体系的赋权结果，通过一级模糊综合评价可以得到农户对经济效益的满意度评价分数为40.64，隶属于不满意，说明从总体上看，农户认为工程的经济效益较差。从表4-12中可以看出，农户主要是对工程在带动周边产业发展和带动林下经济发展方面发挥的效果不满，其原因可能是：虽然平原造林工程美化景观，净化空气的效果明显，但因为缺乏宣传和林区的开发存在限制，所以吸引城市居民来到林区游玩的效果并不明显，因此工程建设带动林区周边住宿、餐饮等服务业发展的能力较差；而且许多林区还属于建设初期，树木还属于幼苗，为了林区的科学管理，限制了林下经济的发展。

表 4 – 12　农户对经济效益满意度 （单位：%）

项目	带动周边产业发展	带动林下经济
非常满意	1.5	0.0
满意	6.8	2.2
基本满意	12.4	6.0
不满意	57.5	67.7
非常不满意	21.8	24.1

三、农户对社会效益满意度

根据满意度评价指标体系的赋权结果，通过一级模糊综合评价可以得到农户对社会效益的满意度评价分数为 56.82，说明农户对工程的社会效益基本满意。而农户对工程社会效益中各个具体方面的满意度水平如表 4 – 13 所示。可见，大多数农户认同工程在增加休憩空间、提高环保意识和交通便利性方面取得的效果。这主要是因为工程开展带来的环境改善的效益，激励林区附近居民自发护林，工程的宣传和建设有效地带动了居民环保意识的提升；有些造林区域的建设带动了周边乡村道路的修整，客观上提高了部分路段的交通便利性。但是多数农户对工程在配套服务设施方面的表现不满意或非常不满意，这反映出工程建设初期重点落在集中造林，而忽视了完善公厕、长椅、运动器材等林区配套公共服务设施。

表4-13 农户对社会效益满意度 （单位:%）

项目	配备公共服务设施	增加休憩空间	提高环保意识	提高交通便利
非常满意	2.3	9.0	21.4	6.4
满意	7.5	32.0	42.9	24.1
基本满意	22.2	33.8	30.0	28.9
不满意	43.2	24.8	5.3	36.8
非常不满意	24.8	0.4	0.4	3.8

四、农户对管护效果满意度

根据满意度评价指标体系的赋权结果，通过一级模糊综合评价可以得到农户对管护效果的满意度评价分数为79.56，隶属于满意。说明农户对林区后续管护的效果评价较高，具体对工程管护效果中各个具体方面的满意度水平如表4-14所示。可以看出，绝大多数农户对工程建成林区的植被管护、卫生清洁、步道规划等方面的管护效果满意或非常满意。林区的管护成果得益于岗位制，即当地农户或外来打工人员接受专业的培训后上岗，对不同树种进行科学管护，提高了树种的成活率，有利于林区景观的维护；管护工人每日清扫责任林区内垃圾，维护林区卫生环境的效果显著。

表4-14 农户对管护效果满意度 （单位:%）

项目	植被管护	林区卫生	休闲步道
非常满意	19.5	23.3	14.6
满意	65.4	58.3	30.8
基本满意	13.2	13.5	24.4
不满意	1.9	4.9	25.9
非常不满意	0.0	0.0	5.3

五、农户对补偿效果满意度

根据满意度评价指标体系的赋权结果，通过一级模糊综合评价，可以得到农户对土地流转造林中补偿效果的满意度为 75.60，隶属于满意。农户对工程补偿效果中各个具体方面的满意度水平如表 4 - 15 所示。如表 4 - 15 所示，农户对工程补偿满意度较高主要是因为工程在补偿程序上做到了及时、公平、透明：①补偿款一般由相关部门统一拨付，补偿的流程清晰，透明度得到大部分被调查者的认可；②补偿标准与实际补偿金额相一致，克扣补偿款的现象鲜有发生；③土地流转补偿金直接转入农户个人专用账户，支付方式安全高效，得到了利益相关农户的广泛支持；④本区内农户单位面积土地补偿标准一致，农户领取补偿的金额与其流转的土地面积成正比，区域内部公平性较高，但不同样本区之间补偿金额差距较大，补偿的公平性在小范围内得以实现。本文在对造林项目区的走访调查中也了解到，造林工程相关单位在补偿前宣传动员工作得到了大多数农户的认可，这些单位也有效调解了工程实施过程中与农户存在的矛盾，得到了绝大多数农户的肯定。同时，还应当注意到，农户对补偿标准评价时的意见分歧较大，对补偿标准满意的农户认为，补偿标准与土地原有生产方式产生的收益大致相等，而且相比于原有的耕种方式，流转造林领取补偿减少了体力劳动，但也有农户表示对补偿标准不满意，其主要原因是通货膨胀使得固定补偿标准的购买力逐年下降，农户对递增补偿机制的诉求较高。

表 4 - 15　农户对补偿效果满意度　　　　（单位：%）

评分	非常不满意	不满意	基本满意	满意	非常满意
补偿标准	1.9	20.3	34.6	37.6	5.6
到手金额	1.1	8.6	22.6	59.0	8.7
补偿形式	0.0	0.4	7.9	70.7	21.0
及时性	0.4	0.4	4.9	66.5	27.6
公平性	0.8	1.5	5.6	68.0	24.1

评分	非常不满意	不满意	基本满意	满意	非常满意
透明性	0.0	1.5	7.1	65.8	25.6
宣传动员	0.0	1.5	21.1	60.5	16.9
征求民意	1.1	10.2	22.2	53.8	12.7
矛盾调解	0.0	1.1	12.8	60.5	25.6

第六节　重要性—绩效表现分析（IPA）

IPA 方法旨在分析事物重要性和绩效表现，早期被制造业企业用于研究产品属性，后来逐渐引入到餐饮、旅游研究等领域，用于测评顾客的满意度。总之，IPA 分析法是帮助管理者迅速发现需要重视或提升的服务项目的重要方法（黄秀娟，2006；宋子斌，2006）。

因此，为了帮助平原造林工程决策者找出一期造林工程管护工作中效益提升的重点，拓宽北京市平原造林工程效益评价的研究视角，本文利用上文中农户满意度研究的具体结果，对满意度评价中经济效益、社会效益、生态效益等指标层的重要性和表现性进行细分，采用 IPA 象限方格对农户满意度进行评价。

根据评价指标的重要性及满意度二者的高低制作四象限方格，将重要性作为横轴，其分值是各准则层 AHP 赋权的结果，取其均值 0.2 作为横坐标，以农户对工程社会、经济、生态等效益的满意度（绩效）作为纵轴，取其均值 64.69 作为纵坐标，如图 4-1 所示：点 4 代表造林工程的补偿特征，他们落在第一象限，表示补偿及时性、补偿透明性、补偿公平性等补偿特征受到被调查农户的重视，并且农户对工程补偿效果的满意度较高，说明北京市政府现有的平原造林补偿政策有效且实施效果好，应当继续保持。点3和5分别代表平原造林工程的生态效益及管护效果，落在第二象限，属于供给过度区，说明农户虽然对林区卫生、植被管护等管护效果和平原造林工程净化环境、减少风沙等生态效益的满意度较高，但对工程管护方面和生态效益方面并不重视。点2代表平原造林工程的社会效益，落在第三象限，属于优先顺序较低区，说明被征地农户不甚重视工程提供休憩空间、提高环保意识的社会效益，但是该方面的满意度较低，所以仍需要政府部门的重视，通过完善林区基础设施建设等方式进行改进。点1代表平原造林工程的经济效益，落在第四象限，属于加强改善重点区，说明被征地农户非常重视造林工程可能带来的增收机会，但是工程现阶段并没有表现出对周边区域的经济带动力且林下经济发展滞后，所以亟须加强改善，且其改进的优先次序高于工程的社会效益。

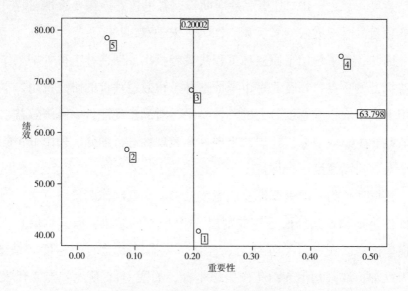

图4-1　满意度—重要性四象限图

第七节　农户满意度影响因素分析

从理论上讲，农户对平原造林工程的满意度具有主观性，不同的成长经历、价值观和社会环境都可能影响各个农户对平原造林工程的满意状况。在上文对农户总体满意度评价的过程中，也发现不同特征的农户对平原造林工程的个体满意度之间存在差异，影响每个农户满意与否的因素也不尽相同，那么，农户的个体满意度是否会因为农户社会经济特征的不同而存在差异？影响农户个体满意度的因素主要有哪些？这些因素的影响程度和方向如何？为了优化平原造林工程实施效果，提升农户满意度水平，本部分将对影响农户个体满意度的主要因素做进一步的深入分析。

为了解决这一问题，本部分首先将参考满意度影响因素相关文献，并结合北京市平原造林工程的实际情况，选择可能影响农户满意度的社会经济特征指标；然后依据选取的指标，采用独立样本检验和单因素方差分析的方法，对农户的满意度进行差异分析；随后引入多元回归模型和分位数回归模型综合分析影响农户满意度的显著变量，找出影响农户满意度的关键因素，探讨不同满意度水平下影响农户满意度的主要因素之间是否存在差异。

一、研究方法选择

1. 独立样本检验和单因素方差分析

独立样本检验是利用来自两个总体的独立样本，推断两个总体的均值是否存在显著差异的分析方法，它适用于自变量为间断二分变量，因变量为连续变量时的平均数差异测算。独立样本检验基于三点基本假设：（1）每个样本的观测值相互独立；（2）两个总体的样本服从正态分布；（3）两个样本的方差具有同质性。一般情况下，对于容量较大（大于 30）的样本而言，前两点基本假设都可以得到满足，第三条假设也可以通过统计软件分析中的方差齐性检验得以验证。

单因素方差分析又称为完全随机设计的方差分析，它将全部试验对象随机分配到多个处理组中，比较和均值之间的差别是否有统计学意义。和独立样本检验一样，单因素方差分析用于推断不同总体的均值是否存在显著差异，但单因素方差分析使用的自变量为多分间断变量，即可以对三个或更多个总体的均值进行差异性分析。

2. 多元线性回归

简单线性回归模型主要讨论一个因变量和一个自变量之间的线性关系，但是由于现实情况的复杂性，一个因变量可能同时与多个自变量相关，所以将一元线性回归进行推广，可以得到包含多个解释变量的多元线性回归模型，与简单线性回归模型不同，多元线性回归模型可以同时估计和检验多个因素对因变量的影响，从而避免重要解释变量被遗漏而导致设定误差。包含因变量 Y 和 k 个解释变量的多元线性回归方程如下所示：式中，β_j（$j = 0，1，2，\cdots，k$）为模型的参数，μ_i 为随机扰动项，假定其服从正态分布，即 k 表示解释变量的个数。

$$Y_i = \beta_0 + \beta_1 x_{1i} + \beta_2 x_{2i} + \cdots + \beta_k x_{ki} + \mu_i \qquad (4-1)$$

在多元线性回归分析中，首先根据样本数据确立因变量和多个自变量数量关系表达式，即多元线性回归方程；然后采用 SPSS 等统计软件对回归方程进行假设验证，对方程的拟合效果和各个自变量的作用大小进行评价，检验自变量是否对因变量有显著的综合线性影响，并检验每个自变量对因变量影响的显著性；最后，根据显著性分析结果剔除不显著的自变量，保留对因变量有显著线性影响的自变量，确立最终的多元线性回归方程。

3. 分位数回归

多元线性回归描述了被解释变量的条件分布受到解释变量影响的过程，它关注的是解释变量对被解释变量均值的影响。但是当观测数据表现出尖峰或者厚尾的分布特征时，参数估计容易受到异常值影响，导致估计结果不够稳健。肯克（Koenker）和巴西特（Bassett）在 1978 年提出分位数回归，它是最小二乘法（OLS）的延伸，与传统线性回归分析相比，分位数回归模型可以消除异方差对参数估计结果的影响，使得估计结果更为稳健，更能细致地刻画解释变量对被解释变量的变化范围及条件分布形状的影响。任意随机变量 Y 的分布函数（公式 4 - 2）均可以体现 Y 的性质：

$$F(y) = \mathrm{Prob}(Y \leq y) \qquad (4-2)$$

Y 的 τ 分位数函数的定义为：满足 $F(y) \geq \tau$ 的最小 y 值，即

$$Q(\tau) = \inf(y : F(y) \geq \tau), \tau \in (0,1) \qquad (4-3)$$

估计分位数回归模型的参数，实质上就是求解线性规划（如公式 4 - 4），其中，y_i 表示被解释变量，x_i 表示自变量，τ 表示分位数，β 表示自变量的系数，通过求解公式 4 - 4 的最小化问题可以得到不同分位数对应的参数估计。

$$\min_{\beta} \left[\sum_{\{i|y_i \geq x_i\beta\}} \tau |y_i - x_i\beta| + \sum_{\{i/y_i \geq x_i\beta\}} (1 - \tau) |y_i - x_i\beta| \right] \quad (4-4)$$

不同的分位数可以对应不同的满意度水平，如：0.2、0.5、0.8 可以分别表示低满意度农户、较高满意度农户和高满意度农户。如果某一因素对高满意度农户的边际贡献大于较高满意度和低满意度农户，则说明这一因素拉大了农户满意度水平之间的差距。

二、农户满意度差异性分析

国内外学者将顾客满意度的模型引入政府公共服务评价中，建立了"公共满意度评价模型"（范里津，2000；盛明科，2006）。就北京市平原造林工程而言，农户是平原造林工程的直接利益相关者，有必要从农户角度对北京市平原造林一期工程的实施效果进行评价。根据公共服务满意度理论，农户的满意度是一种主观的心理感受，受到内外部多重因素的综合影响。在以往关于农户满意度影响因素的研究中，尽管由于研究角度和满意度评价的对象不同，学者们选择的指标不完全相同，但是大体上可以将影响农户公共服务工程满意度的因素分为三大类：个体特征、社会特征和补偿特征（叶继红，2007；陈伟，2015；乔蕻强，2016；田国双，2018）。同样，农户的个体特征、社会特征和补偿特征等因素也可能造成北京市平原造林工程农户的满意度的差异，结合实地调研和已有文献，个体特征主要包括性别、年龄、文化程度、宗教信仰、政治面貌、环保意识、参与方式、对工程了解程度、家庭收入等九个要素；社会特征主要包括职业变动、家庭收入增减情况等两个要素；补偿特征主要包括征地面积、补偿金额和土地净收益增减情况等三个要素。这些因素均存在影响农户满意度的可能性，所以本研究采用独立样本检验和单因素方差分析的方法，验证农户对平原造林一期工程的满意度是否会因为个体、社会、补偿特征的不同而存在差异（详见表 4 - 15 和表 4 - 16）。

根据前文样本描述性统计分析中表 4 - 4 可知，性别、宗教信仰、政治面貌、参与方式、职业变动、家庭收入变动和土地净收益变动等七个因素都是二分变量，所以不能利用单因素方差分析方法（one - way ANOVA）进行方差分析，而需要采用独立样本检验（Independent Samples Tests）的方法确定这些特征变量是否显著影响农户的满意度。年龄、文化程度、家庭收入水平等三个因素是五级分组变量，环保意识、造林工程了解程度、征地面积、补偿金额等四个因素是三级分组变量，所以这七个因素的分组都在三个或三个以上，适用单因素方差分析的使用条件。所以本书将分组后的年龄、文化程度、环境意识、对造林工程了解程度、家庭年收入、征地面积和补偿金额分别设为自变量，将农户的满意度设为因变量，选用单因素方差分析的方法在 a = 0.05 的置信区间上进行方差分析。

由表4-16可知，农户性别、宗教信仰、政治面貌、参与方式、职业变动、家庭收入变动和土地净收益变动等七个二分变量在"假设方差相等"一栏显示的 Levene 检验结果均大于0.05，说明这些特征变量不具有方差齐次性。同时，性别、宗教信仰、政治面貌、参与方式在"方差检验不相等"一栏中显著性概率数值仍然大于0.05，说明不同性别、有无宗教信仰、不同政治面貌和不同参与方式对农户满意度的影响并不显著。

与之相反，职业变动、家庭收入变动和土地净收益变动等变量在"方差检验不相等"一栏中显著性概率数值均小于0.05，具有统计学意义，说明平原造林工程实施前后，农户有无职业变动、有无家庭收入变动和有无土地净收益变动都会对农户的满意度产生显著影响。这可能是因为，对于大部分参与平原造林一期工程的农户而言，土地流转补偿收益与农户原有农业生产净收益基本相当，但土地流转造林将农户从耕地中解放出来，部分地区还为土地流转的农户提供培训，提升了他们在就业市场的竞争力，农户通过非农再就业获取额外报酬，提高了生活质量，所以农户的满意度在不同职业变动情况、不同家庭收入变动情况、不同土地净收益变动情况下表现出明显的差异。

表 4 – 16　农户特征与农户满意度独立样本检验

项目	检验方法	方差方程的 levene 检验		均值方程的 t 检验		
		F 值	显著性概率	T 值	自由度	显著性概率
性别	方法 1	2.87	0.09	− 1.99	261	0.47
	方法 2			− 1.98	243.5	0.49
宗教信仰	方法 1	2.77	0.10	1.06	264	0.29
	方法 2			2.25	11.23	0.05
政治面貌	方法 1	0.07	0.80	0.79	264	0.43
	方法 2			0.86	68.81	0.39
参与方式	方法 1	0.19	0.99	0.37	264	0.71
	方法 2			0.36	5.21	0.74
职业变动	方法 1	2.54	0.11	− 3.90	264	0.00
	方法 2			− 3.84	232.63	0.00
家庭收入变动	方法 1	7.60	0.01	− 7.72	230	0.00
	方法 2			− 7.78	218.96	0.00
土地净收益变动	方法 1	6.89	0.01	− 19.66	264	0.00
	方法 2			− 17.22	89.81	0.00

注：方法 1 为"假设方差相等"；方法 2 为"假设方差不相等"。

从表 4 – 17 单因素方差分析的结果可以看出：农户满意度在不同年龄、不同环保意识、不同家庭收入水平和不同征地面积之间的总体方差无显著性差异（显著性概率从 0.249 ~ 0.871，均大于 0.05），而在不同文化程度、不同造林工程了解程度和不同补偿金额之间的总体方差有显著性差异（显著性概率 0.000 ~ 0.027，均小于 0.05）。

表 4 - 17　农户特征与农户满意度单因素方差分析

项目	方式	平方和	自由度	均方	F 值	显著性
年龄	组间	0.864	3	0.228	2.573	0.055
	组内	29.312	262	0.112		
	总体	30.175	265			
文化程度	组间	1.424	5	0.285	2.575	0.027
	组内	28.752	260	0.111		
	总体	30.175	265			
环保意识	组间	0.165	2	0.082	0.723	0.486
	组内	30.010	263	0.114		
	总体	30.175	265			
造林工程了解程度	组间	19.174	2	9.587	229.195	0.000
	组内	11.001	263	0.042		
	总体	30.175	265			
家庭年收入	组间	11.628	115	0.101	0.818	0.871
	组内	18.547	150	0.124		
	总体	30.175	265			
征地面积	组间	3.988	61	0.065	0.509	0.999
	组内	26.187	204	0.128		
	总计	30.175	265			
补偿金额	组间	1.479	6	0.246	2.224	0.041
	组内	28.697	259	0.111		
	总计	30.175	265			

　　不同个人、社会、补偿特征的农户对平原造林工程的满意度存在显著差异。具体来说：在个体特征方面，农户满意度在不同性别、年龄、文化程度、宗教信仰、政治面貌、参与方式、环保意识或收入水平方面均不存在明显差异；但不同工程了解程度的农户的满意度之间存在显著

差异。在社会特征方面，农户满意度在不同职业变动情况、不同家庭收入变动情况下均存在显著差异。在补偿特征方面，农户满意度在不同补偿水平和土地净收益变动情况下存在显著差异，但不同土地流转面积的农户的满意度之间不存在显著差异。

三、农户满意度影响因素分析

1. 农户个体满意度总体特征

根据本章前文中收集到的平原造林样本区农户满意度评价信息，并结合表4－7确定的满意度测评指标赋权结果，计算出每个利益相关者对工程的满意度，并估算出农户个体对北京市平原造林一期工程的满意度均值为3.35。有26%的农户表示非常满意，43.2%的农户感觉比较满意，有30.8%的农户对平原造林一期工程的满意状况一般，仅有2.5%的农户感到不满意（表4－18）。这表明农户个体对平原造林一期工程的满意度主要集中在"一般""满意"和"非常满意"三个水平，但仍存在较大差异，有必要对造成农户个体满意度差异的因素进行分析。在单因素分析和综合分析影响满意度的主要因素时，我们将农户个体满意度作为因变量代入满意度影响因素的分析中。

表4－18　农户对平原造林工程个体满意度

满意度划分	非常不满意	不满意	一般	满意	非常满意
频数	2	5	82	115	62
百分比	0.7	1.8	30.8	43.2	26.0
累积百分比	0.7	2.5	33.3	74.0	100.0

2. 指标选取与模型构建

（1）变量选取与研究假设

延用前文中根据农户满意度研究成果、平原造林工程实际情况选取的包含农户个体特征、社会特征、补偿特征等三个方面的 14 个可能影响农户满意度的因素，建立回归模型分析这些因素对于农户个体满意度的影响方向和影响程度，提出如下研究假设：

农户个体特征包括性别、年龄、文化程度、宗教信仰、政治面貌、环保意识、参与方式、对工程了解程度、家庭收入等九个因素（见表 4 - 19）。农户年龄越大，对信息的理解能力降低，满意度评价越低；文化程度、环保意识和对工程的了解程度越高，对平原造林工程实施目标和效益的理解越全面，满意度评价越高（田国双，2018）；党员对政府政策的理解更透彻，支持生态建设的思想觉悟更高，所以对平原造林工程的满意度越高；积极参与造林工程的农户，对工程的实施初衷和具体措施了解更清晰，满意度评价更高；家庭收入较高的农户需求层次也相对较高，他们对工程满足其社会和生态环境需求、自我价值实现等高层次需求的期望较高，所以对工程的满意度可能会较低。

农户家庭特征包括职业变动情况和家庭收入变动情况（见表 4 - 19）。随着平原造林工程在北京各区的开展，项目区内土地退耕造林，使得农户的家庭经营方式也随之发生转变，不再从事农业生产转而实现非农就业的农户，因为工程的实施而从土地中解放出来，他们对工程的满意度较高。农户因为造林工程的开展收入增加的幅度越高，农户的满意度越好（樊丽明，骆永民，2009）。

农户社会特征包括征地面积、补偿金额和土地净收益变动三个因素（见表 4 - 19）。农户在北京市平原造林一期工程中被征用土地面积越高，在相同补偿标准下，获得的补偿金越高，土地补偿政策改善其生活水平的效益越明显，他们的满意度水平应越高；而相同补偿面积下，补偿标准较高、土地净收益变动越明显的地区的农户的满意度评价较高（朱丽君，渠丽萍等，2018）。

表 4 –19　变量定义与预判

类型	变量	变量设定	平均值	标准差	预判
个人特征	性别 X1	女 =0，男 =1	0.49	0.52	无
	年龄 X2	实际年龄（岁）	55.97	9.32	–
	文化程度 X3	小学以下 =1，小学 =2，初中 =3，高中及中专 =4，大专及以上 =5	3.00	0.80 +	
	宗教信仰 X4	无 =0，有 =1	0.03	0.18	无
	政治面貌 X5	非党员 =0，党员 =1	0.17	0.38	+
	环保意识 X6	较低 =1，一般 =2，较高 =3	2.91	0.33	+
	参与方式 X7	不积极 =0，积极 =1	0.98	0.15	+
	对工程了解程度 X8	完全不了解 =1，初步了解 =2，非常了解 =3	1.99	0.15	+
	家庭收入 X9	实际数值（元）	58200.61	58246.85	–
家庭特征	职业变动 X10	未发生变动 =0，发生变动 =1	0.45	0.50	+
	家庭收入变动 X11	不变 =0，增加 =1	0.29	0.45	+
补偿特征	征地面积 X12	实际数值（亩）	4.58	3.24	
	补偿金额 X13	实际数值（元）	1696.09	647.38	+
	土地净收益变动 X14	不变 =0，增加 =1	0.24	0.43	+

（2）模型构建

多元线性回归模型。运用多元线性回归模型分析影响农户对平原造林一期工程个体满意度的因素时，我们将农户对平原造林一期工程的个体满意度 Y 作为被解释变量，农户的个体特征、社会特征、补偿特征中涵盖的 14 个要素作为被解释变量，同时在模型中设置随机扰动项用于反映未观测因素对农户个体满意度的影响，建立农户个体满意度决定方程如下：

$$Y = \beta_0 + \sum_{i=1}^{14} \beta_i X_i + \mu \tag{4-5}$$

分位数回归模型。多元线性回归分析可以得出影响农户个体满意度的显著因素，但是因为农户个体满意度的水平存在差别，所以基于 OLS（最小二乘法）的多元回归模型，有时候不能很好地反应变量变化的全局特征，而且 OLS 对于分布假设的要求严格，容易存在不满足基本假设条件的缺陷。与 OLS 相比，分位数回归模型可以消除异方差对参数估计结果的影响，更细致地刻画条件分布的特征，使得估计结果更为稳健，因此本文还将选取分位数回归模型对农户满意度的影响因素进行进一步的研究。

不同的分位数可以对应不同的满意度水平的农户群体，分位点越多，提供的农户满意度影响因素的信息越多。本书旨在分析较低、中等、较高三种满意度水平下影响农户满意度的因素之间存在的差异，所以选择可以对应较低满意度农户、中等满意度农户和较高满意度农户的三个分位点：0.2、0.5、0.8 分别建立分位数回归模型。在不同模型中，如果某一因素对较高满意度农户的边际贡献大于中等满意度和较低满意度农户，则说明这一因素拉大了农户满意度水平之间的差距。分位数回归模型是对不同满意度水平下农户个体满意度影响因素的分析，因此可以继续沿用多元线性回归分析中的个体满意度及影响因素指标，将农户个体满意度作为解释变量，将农户年龄、性别、受教育程度等 14 个因素作为被解释变量，建立不同分位点下农户个体满意度决定方程如下：

$$Y = \beta_q + \sum_{k=1}^{14} \beta_{kq} X_{kq} + \varepsilon_q \qquad (4-6)$$

其中，ε_q 为随机扰动项，q 表示分位数，β_{kq} 表示满意度水平处于 q 分位点时各解释变量对农户个体满意度的影响。

3. 模型检验与结果分析

（1）多元线性回归模型检验与结果分析

运用 eviews7.0 软件对样本数据进行处理，可得出模型估计结果如

表4-20所示。从表4-20中可以看出，模型4-5对应P值<0.01，而模型的决定系数 R^2 为0.785，说明模型整体估计效果较好。农户对造林工程的了解程度、职业变动情况、流转前后家庭收入变动和土地净收益的增减情况对农户个体满意度产生较为显著的正向影响。模型对应的残差正态性检验结果分别如图4-2所示，可见 Normal QQ-plot 图中除了两端数据有些偏离，大部分数据点分布在一条直线附近，模型的残差基本符合正态分布。

表4-20　多元回归模型分析结果

变量名称	参数估计值	标准误	显著性
截距	2.7191***	0.1346	0.0000
性别 X1	0.0279	0.0195	0.1531
年龄 X2	-0.0019*	0.0012	0.0934
文化程度 X3	0.0020	0.0140	0.8861
宗教信仰 X4	0.0016	0.0556	0.9768
政治面貌 X5	0.0033	0.0270	0.9012
环保意识 X6	-0.0064	0.0311	0.8364
参与方式 X7	0.0455	0.0675	0.5013
对工程了解程度 X8	0.2762***	0.0226	0.0000
家庭收入 X9	0.0169	0.0173	0.3283
职业变动 X10	0.0512**	0.0211	0.0160
家庭收入变动 X11	0.1798	0.0405	0.0000
征地面积 X12	0.0051	0.0031	0.1078
补偿金额 X13	-0.0998	0.0164	0.5435
土地净收益变动 X14	0.2246***	0.04421	0.0000

注：*、**、***分别表示10%、5%、1%的水平上显著。

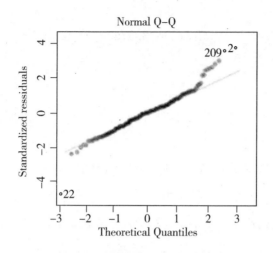

图 4 - 2 残差正态性检验结果

利用 D - W 统计量检验残差的独立性，得到多元线性回归模型在 0.01 的置信水平下，D - W 检验值都大于 1，通过了显著性检验，说明模型中不存在残差自相关。最后，引入方差膨胀因子 VIF，用于表示由自变量的共线性引起的回归系数估计值方差的变化，如果 VIF 值大于 10，则说明自变量之间存在较强的共线性。计算多元线性模型对应的 VIF 值，如表 4 - 21 所示。VIF 的定义如下：

$$VIF_j = \frac{\text{第 } j \text{ 个回归系数的方差}}{\text{自变量不相关时第 } j \text{ 个回归系数的方差}}, (j = 1, 2, \ldots, p)$$

表 4 - 21 共线性检验结果

VIF	X1	X8	X10	X11	X14
	7.382	1.6	1.06	3.46	3.73

模型中各项 VIF 值均小于 10，说明共线性不明显，不至于对回归结果产生太大的影响。综上所述，多元线性回归模型通过整体 F 检验、共线性检验和残差独立性检验，且该模型的常数项和各自变量都通过了回归系数的检验，回归方程的显著性良好，依据表 4 - 20 将回归方程整

理为：

$$Y = 2.7191 - 0.0012x_2 + 0.2762x_8 + 0.0512x_{10} + 0.1798x_{11} + 0.2246x_{14}$$

根据表 4 - 18 和已验证的农户满意度多元线性回归方程中回归系数的信息，对影响农户对平原造林工程个体满意度（因变量 Y）的主要因素进行具体解释：

农户个体特征影响其对平原造林工程的满意度。性别、文化程度、宗教信仰、政治面貌、环保意识、参与方式和家庭收入未通过显著性检验，表明这些因素对农户满意度并没有显著影响。"X2 年龄"在 10%的水平上通过显著性检验，且呈负向关系，和假设一致，说明农户的年龄越大，对工程的理解能力越弱，且能获得的再就业机会较少，所以对工程的满意度越低。针对年龄对农户满意度的负向作用，本书对农户问卷和实地访谈中的信息深入分析发现，高龄农户因为年龄较大，学习能力和体力相对年轻人较弱，所以在工程实施后得到非农再就业机会少，所以可以从加大对高龄农户技能培训、吸引他们加入造林养护队伍从事力所能及的工作等方法提升他们对于造林工程的个体满意度。"X8 农户对平原造林工程的了解程度"与农户的满意度在 1%水平上正相关，说明农户对工程的了解程度加深时，其更认可工程的意义，对工程的满意度也相应增加。

农户的社会特征影响其对平原造林工程的满意度。"X10 职业变动"在 5%的水平上通过显著性检验，且系数均为正。这说明：职业变动与满意度呈正相关，其主要原因是农户将土地流转用于造林后，劳动力从土地中解放出来，越有机会实现非农再就业的农户，社会需求和生活需求的满足程度越高，对造林工程的满意度也随之增高。"X11 流转前后家庭收入水平变化"对农户满意度在 1%的水平上通过检验，且呈正相关，与假设一致，其主要原因是土地流转改变了农户的生产方式，使得有些农户的收入来源发生转变：造林前，这些农户的大部分收入主要来源于销售耕种得来的粮食例如玉米等，然而造林工程开展后，这些农户将土地流转用于造林，这使得他们每年可以获得定额的土地流转补偿，并且可以利用闲暇时间打零工、自营或者参与林区养护工作，相比造林前他们的收入水平出现了明显的增加，因此对于造林工程的满意度也较高。

农户的补偿特征影响其对平原造林工程的满意度。"X12 征地面积"和"X13 补偿金额"没有通过显著性检验。"X14 土地净收益变动"对农户满意度在 1% 的水平上通过显著性检验，系数为正，与假设一致。其主要原因是：农户从土地中获取收益的方式发生了变化，造林工程实施前，部分农户受到气候、水源、市场等外界因素和劳动力不足等内部因素的共同影响，从土地中获取的粮食收入较低且波动大，在扣除农药、耕作器材等成本后，土地净利润低且不稳定；而在造林工程实施后，这部分农户将低收益的农田流转以获取定额的补偿金，对于每年领取的补偿金高于每年耕种净所得的农户而言，土地的净收益的增加使得他们对工程的满意度相对较高。

（2）分位数回归模型检验与结果分析

运用 eviews7.0 软件对分位数回归模型进行参数估计，估计结果汇总如表4－22所示，可见三个分位数回归方程的 R^2 都在 0.51 以上，这说明设立的模型具有一定的解释力。同时，不同分位点对应的回归模型中变量的显著性存在差异，说明不同满意度水平下，影响农户满意度的因素不尽相同。分位数回归系数表示在特定分位数下，因变量对自变量的边际效应。通过分析不同分位点下回归模型系数的显著性，我们可以发现：

影响农户满意度的因素随着满意度水平的不同而变化。①对于满意度水平较低的农户而言，工程的了解程度、家庭收入变化、征地面积和土地净收益变动等四个因素对农户满意度有显著的正向影响，且农户满意度受家庭收入变动的影响最大，职业的变动情况对农户满意度的边际影响是 0.0278，未通过统计性显著检验；②对于中等满意度水平的农户而言，对工程的了解程度、职业变动、家庭收入和土地净收益变动是显著影响其满意度的因素，且工程了解程度对农户满意度的正向影响系数最高；③对于满意度水平较高的农户而言，政治面貌、工程了解程度、职业变动、家庭收入和土地净收益变动是显著影响其满意度的因素。

表4-22　分位数回归模型参数估计结果

解释变量	分位点1（0.2）		分位点2（0.5）		分位点3（0.8）	
	系数	标准误	系数	标准误	系数	标准误
截距	2.6995***	0.2192	2.6846***	0.1676	2.7744***	0.2115
性别 X1	-0.0249	0.0229	0.0151	0.0235	0.0380	0.0211
年龄 X2	-0.0012	0.0013	-0.0020	0.0013	-0.0023	0.0018
文化程度 X3	-0.0168	0.0146	-0.0032	0.0178	0.0163	0.0203
宗教信仰 X4	-0.0458	0.0787	0.0036	0.0503	-0.0187	0.0543
政治面貌 X5	0.0415	0.0257	0.0023	0.0268	0.0546*	0.0315
环保意识 X6	0.0259	0.0676	0.0082	0.0352	0.0181	0.04471
参与方式 X7	-0.0579	0.0463	0.0503	0.0546	0.0498	0.0535
对工程了解程度 X8	0.2281***	0.0267	0.2766***	0.0276	0.2977***	0.0335
家庭收入 X9	-0.0133	0.0017	0.0122	0.0017	0.0263	0.0189
职业变动 X10	0.0278	0.0228	0.0601***	0.0243	0.0443*	0.0289
家庭收入变动 X11	0.2957***	0.0271	0.1813***	0.0303	0.1292***	0.0306

续表

解释变量	分位点 1（0.2）		分位点 2（0.5）		分位点 3（0.8）	
	系数	标准误	系数	标准误	系数	标准误
征地面积 X12	0.0052*	0.0032	0.0051	0.0039	0.0011	0.0043
补偿金额 X13	0.0166	0.0178	0.0925	0.0019	0.0371	0.0371
土地净收益变动 X14	0.1195***	0.0298	0.1778***	0.033985	0.2465***	0.0524
可决系数	0.5285		0.5521		0.5931	
调整后可决系数	0.5023		0.5433		0.5816	
P 值	0.0000		0.0000		0.0000	
样本数	266		266		266	

注：*、**、***分别表示10%、5%、1%的水平上显著。

在不同满意度水平下，自变量的回归系数发生明显的变化。①
"X5 政治面貌"的回归系数只有在0.8的分位点上才通过了检验，且对
农户满意度有正向的影响，说明对于满意度水平较高的农户而言，政治
面貌是党员的农户对工程的社会价值理解更为透彻，所以满意度更高；
②"X8 工程了解程度"的回归系数在0.2、0.5、0.8分位点上都是显
著的，且回归系数随满意度水平的上升呈不断增加的趋势，说明工程了
解程度的提高会对农户满意度水平的提升产生积极的作用，且这种作用
会随着农户满意度水平的提高而不断增强；③"X10 职业变动"的回
归系数在0.5和0.8的分位点上通过了检验，而在较低的0.2分位点处
未通过检验，说明职业变动只有在农户满意度水平较高时才会产生明显
的影响作用，从表4-22中也可以看出，职业变动的回归系数在各个分
位点上都为正，说明在平原造林工程实施后实现再就业的农户，其对于
造林工程的满意度更高；④"X11 家庭收入变动"的回归系数在各个

分位点上显著且均为正值，但随着满意度水平的提高呈不断下降的趋势，这说明随着满意度水平的不断提升，家庭收入增长对农户满意度的影响作用不断减弱；⑤"X12 征地面积"只有在0.2 的分位点上通过了检验，说明征地面积只有在满意度水平较低的情况下才会对农户满意度产生显著影响作用；⑥"X14 土地净收益变动"的回归系数在各个分位点上均通过了检验，且随着满意度水平的提高而不断上升，说明土地流转补偿金高于农户原有土地经营利润的幅度越大，农户的满意度越高，且这种正向影响作用在农户满意度水平较高时表现得更为强烈。

第八节　小　结

本章从北京市平原造林工程的现状和问题出发，基于公共服务满意度和造林工程满意度的理论基础，遵循系统全面、可行可比的选择原则，构建了包含经济效益、社会效益、生态效益、补偿效果和管护效果满意度等5 个二级指标、24 个三级指标的北京市平原造林工程农户满意度评价指标体系；在此基础上设计调研问卷，在典型项目区内进行实地访谈和问卷调查；依据所获得的北京市平原造林样本区的调研数据，利用模糊综合评价法测算出了农户对平原造林一期工程的总体满意度；采用独立样本检验、单因素方差分析方法探讨了异质性农户个体满意度的差异性；构建多元线性回归模型对影响农户个体满意度的因素进行了分析；并运用分位数回归方法研究了不同满意度水平下农户满意度的影响因素之间存在的差别，得出主要结论如下：

（1）农户对平原造林一期工程的总体满意度值为71.96，处于满意阶段。其中农户对工程的社会效益、生态效益、补偿效果和管护效果的满意度较高，处于"满意"或"基本满意"阶段，对工程经济效益的满意度较差，处于"不满意"阶段。

具体来说：在社会效益方面，工程的开展增加了农户的休憩区间，提高了他们的环保意识，农户对社会效益的满意度评价为 56.82，属于基本满意；在生态效益方面，平原造林具有净化空气、防风固沙、调节气温、增加植被多样性作用并且有利于美化城市景观。农户对平原造林工程生态效益的满意度评价为 70.82，隶属于满意；在补偿效果方面，补偿标准较为公平合理、补偿形式便捷、补偿款发放及时、补偿过程透明并且鼓励农户自愿参与，所以农户对平原造林工程的补偿效果满意，满意度 75.60；在管护效果方面，林区植被管护科学而且林区卫生状况良好，农户对管护效果的满意度评价分数为 79.56，隶属于满意；在经济效益方面，林区的建设对周边餐饮、旅游等产业的带动效应不足，依托造林工程开展林下经济等产业的经济效益不明显，农户对经济效益不满意，测算得到的满意值为 40.64。

IPA 分析的结果表明，平原造林工程后期的质量提升应当关注满意度评价的短板——"社会效益"和"经济效益"两个方面，通过统筹资源调配，适当加大薄弱方面的投入，提高资源利用效率，从而提高利益直接相关的被征地农户对工程的总体满意度。

（2）异质性农户对平原造林工程的满意度存在显著差异。具体而言，在个体特征方面：不同造林工程了解程度的农户的满意度之间存在显著差异；在社会和补偿特征方面，农户在不同补偿金额、不同土地净收益变动之间的总体方差有显著性差异。

（3）影响农户满意度的因素主要有年龄、对平原造林工程的了解程度、职业变动、家庭收入变动和土地净收益等。其中，年龄在 10% 的水平上通过显著性检验，与农户的满意度呈负向关系，说明农户的年龄越大，其满意度越低；职业变动、造林工程的了解程度、家庭收入变动和土地净收益等因素在5%及以上水平对农户满意度有显著正向影响，说明对工程的了解程度越深、越有机会实现非农再就业、家庭收入和土地净收益的增幅越明显，农户的满意度越高。

（4）影响农户满意度的因素随着满意度水平的不同而发生变化，且在不同满意度水平下，影响因素的回归系数存在差异。职业变动、征地面积和政治面貌只有在特定满意度水平时才会对农户满意度产生显著影响；随着满意度水平的不断提升，家庭收入增长对农户满意度的影响作用不断减弱；而工程了解程度、土地净收益变动的回归系数随着满意度水平的提高而不断上升，工程了解程度的提高和土地净收益的增幅扩大都会对农户满意度水平的提升产生积极的作用，且这种作用会随着农户满意度水平的提高而不断增强。

第五章

基于生态消费者满意度的
北京市平原造林工程绩效评价

2012年起，北京市启动实施了"平原百万亩造林工程"。截至2015年年底，造林任务已全面完成并进入林木养护阶段。北京平原造林工程旨在发挥改善北京市生态环境，优化空气质量，提高涵养水源能力和增加休憩空间等生态作用。同时，北京平原造林工程作为民生改善的战略性生态工程，也为促进首都功能建设，美化城市形象，改善首都居民生活环境，提升首都居民生活质量奠定了坚实的基础。因此，长期居于北京市的居民成为北京平原造林工程的直接获益者，被视为北京市平原造林工程的生态消费者。工程实施效果好坏将直接影响北京尤其项目实施区生态消费者对工程的支持态度。为了解该工程实施后生态消费者对总体环境改善感知体验和综合满意度，本研究特采用随机抽样方法对该工程直接生态感知人群进行问卷调查，并通过建立平原造林工程效果生态消费者满意度评价指标体系对该工程不同层面实施效果的满意度进行评价。由于生态工程建设对周边环境的影响呈缓慢渐进态势，逐步由局部小环境改善扩展到其他区域，因此本书选择百万亩平原造林实施区周边居民为研究对象，从其直接环境感知体验出发，对平原造林工程实施效果满意度进行测度并结合模糊数学数量方法进行评价，力求从环境直接受益群体角度对平原造林工程实施效果进行综合评价。

第一节　生态消费者满意度评价指标体系构建

北京市平原造林工程的直接目的在于改善北京城区周边生态环境，提高居民生活质量和提升林区公共管理服务等。因此，本部分拟从民生改善视角通过构建生态消费者满意度指标评价体系对平原造林工程实施效果进行评价。本研究通过对相关文献、政策文件的检索分析及预调查，针对平原造林工程生态消费者满意度主要从生态、社会、经济、景观和公共服务等维度构建并筛选出具体的评价指标。具体来讲，综合评价指标体系主要包括三级指标：一级指标为目标层，即生态消费者对平原造林工程总体满意度；二级指标为准则层，即生态消费者对平原造林工程不同层面实施效果的满意度，该层指标主要分为五个方面，分别为生态层满意度、社会层满意度、经济层满意度、景观美化层满意度、管理维护层满意度；三级指标为方案层，该层指标在总结文献的基础上，采取向林业院校、林业科学研究院以及相关工程实施和管理部门等54位专家学者发放问卷咨询的方式，依据指标选择全面性、可操作性、可获得性等原则，初步筛选出22项测度指标。随后在对昌平区沙河镇居民预调查中发现，被调查对象对其中两项指标的理解与问题设计初衷存在较大差异。经新一轮专家证询，删除改善政府形象以及改善农业生产环境这两项不太容易理解或易产生歧义的测量指标，最终确定20项指标作为方案层的测量指标（见表5-1）。

表 5－1 北京市平原造林工程生态消费者满意度评价指标

	一级指标	二级指标
工程满意度	生态层	局部温度调节
		局部空气质量改善
		局部防风固沙能力
		局部水源涵养能力
		局部降低噪音能力
	社会层	城市形象改善
		政府形象改善※
		增加就业岗位效果
		提供休憩空间效果
	经济层	改善农业生产环境※
		促进附近生态产业发展
		促进附近产业聚集
		提高附近土地利用价值
		促进附近产业结构转型
	景观美化层	区域景致美观
		人行步道设计
		空间结构利用
		植被多样性搭配
	管理维护层	绿化景观维护
		病虫害防治
		公共设施维修
		垃圾清理

注："※"标注项为最终去除的指标项。

第二节 生态消费者满意度评价方法

一、方法选择

目前，国内对林业生态工程实施效果满意度的评价研究相对较少，尚缺乏系统科学的评价方法。由于对林业生态工程实施效果满意度的评价指标具有较强的模糊性，且满意度的评价也存在着一定的模糊性，因此，模糊综合评价方法是最佳的研究方法选择。

在对北京平原造林工程居民满意度进行评价的过程中，由于平原造林工程居民满意度指标具有较强的模糊性和主观不确定性，所以采用二层次的模糊综合评价法对平原造林工程居民满意度进行评价。我们通过评价指标分级、确定满意度评语集并通过构建模糊评价矩阵等步骤进行具体测评（张连刚等，2014）。

二、指标赋权方法

在模糊综合评价过程中，评价指标权重的赋予对于评价结果的准确性至关重要，因此，平原造林工程居民满意度指标赋权是准确反映评价结果的关键。在已有的研究中，赋权方法有很多，例如专家咨询打分法、德尔菲法等。但相比这些方法而言，通过结构方程模型（SEM）对各项指标参数进行估计，以得到各项指标因子载荷量作为赋权依据具有一定的优越性：一方面，通过客观调研数据来进行参数估计，所得权重更加接近真实情况，更加客观；另一方面，应用结构方程来进行参数估计时，允许各项指标存在测量误差及变量之间存在复杂关系等条件，这样可以保留更全面的影响因素。综合以上两点，本部分将使用结构方程模型（SEM）方法对平原造林工程实施效果生态消费者满意度指标进行赋权。

三、具体评价步骤

依据前文构建的生态消费者关于平原造林工程效果满意度理论模型和居民满意度评价指标体系，结合实地调研数据对平原造林工程实施效果生态消费者满意度进行测度和模糊评价，具体测评步骤如下。

（1）评价指标分级

建立平原造林工程满意度评价指标集合第一层次指标 U_i，$U = U_i$（$i = 1, 2, 3, 4, 5$），每一个 U_i 又分为多个二级指标，表示为 $U_i = u_{ij}$（$j = 1, 2, 3, 4, \cdots$）。

（2）确定满意度评语集并构建模糊评价矩阵

满意度评语集由 V 表示，模糊综合评价矩阵由 U 表示，令 $V = (V_1, V_2, V_3, V_4, V_5) = $（非常满意，比较满意，一般，不太满意，非常不满意）。利用调研数据计算评语集中第 k 个元素的隶属度 V_k，即 $V_k = $ 评价对象的评价指标 $U_{ij}/$ 每个评价指标对应的总人数。对每一个指标 U_{ij} 做出相应评价，得到其评价值 $f(U_{ij})$，从而得到 U 到 V 的户映射，即：$\mu_i \rightarrow f(u_i) = (_{i1}, _{i2}, \cdots, _{ij}) \in F(V)$，式中，$F(V)$ 是 V 上的模糊集合全体，根据模糊变换的定义，确定模糊评价矩阵：

$$U_j = \begin{bmatrix} u_{11} & u_{12} & u_{13} & \cdots & u_{1k} \\ u_{21} & u_{22} & u_{23} & \cdots & u_{2k} \\ \vdots & \vdots & \vdots & \vdots & \vdots \\ u_{j1} & u_{j2} & u_{j3} & \cdots & u_{jk} \end{bmatrix}$$

（3）分别确定各指标的模糊综合评价集，并进行单个指标评价

利用模糊评价矩阵和指标权重构建第 1 层次模糊综合评价集：

$$N_i = \omega_i \times U_j = n_{ik} = (n_{i1},\ n_{i2},\ n_{i3},\ n_{i4},\ n_{i5})$$

式中：ω_i 表示下一层次各子指标的权重；n_{ik} 表示指标 i 的子指标对评语集中第 j 种评价的隶属度。第 2 层次的模糊综合评价集为：

$$P = W \times N_i = (\omega_1,\ \omega_2,\ \omega_3,\ \omega_4,\ \omega_5)\ \times$$

$$\begin{bmatrix} n_{11} & n_{12} & n_{13} & \cdots & n_{1k} \\ n_{21} & n_{22} & n_{23} & \cdots & n_{2k} \\ \vdots & \vdots & \vdots & \vdots & \vdots \\ n_{j1} & n_{j2} & n_{j3} & \cdots & n_{jk} \end{bmatrix}$$

（4）进行综合评价

模糊综合评价中主要有四种算子，分别是（∧，∨）、（●，∨）、（∧，+）和（●，+）。前三种算子比较粗糙，在"体现权数作用""综合程度""R 信息利用充分与否"等方面均存在一些不足，且主要适用于考虑主要因素的综合评价；而（●，+）算子不会丢失信息，兼顾了所有因素，且能较好体现权数作用，因此本文采用（●，+）来进行模糊综合评价。

（5）去模糊化获得单一评价值

计算评价结果时，根据满意度评价问题的具体特征，取"非常满意 =5""比较满意 =4""一般 =3""不太满意 =2""非常不满意 =1"作为评价标准，并对五个等级赋予相应的得分，满意程度越高，得分越高。平原造林工程生态消费者满意度的综合评价值表达式为：

$$q_t = 5p_{i1} + 4p_{i2} + 3p_{i3} + 2p_{i4} + p_{i5}$$

第三节　实证分析

一、数据来源

采用随机抽样方法，对平原造林工程实施区周边居民进行满意度问卷调查。被调查对象分布于海淀区与昌平区交界处的东小口森林公园、奥林匹克森林公园北部、通州、房山、大兴以及延庆等各个平原造林项目区，受访者感知和体验具备一定代表性，基本能够满足本研究所需。

根据前文所建立的平原造林工程实施效果生态消费者满意度评价指标体系设计调研问卷，调查问卷的内容主要包括两大部分：一是被调查者基本情况，主要包括性别、年龄、民族、受教育程度、职业、收入、是否为农村户口、是否为北京户口、是否从事环保职业、住宅周边是否有绿化带、在北京居住时间、是否打算长留北京等；二是受访者对平原造林工程满意度状况，根据前文评价指标体系，主要包括居民对工程发挥的生态效果满意度、社会效果满意度、经济效果满意度、景观美化效果满意度、工程管理维护效果满意度等五个方面的多项指标。共发放问卷 446 份，回收问卷 446 份，回收率 100%；剔除漏填、回答偏误等不合格问卷，有效问卷共 406 份，有效问卷率 91.03%；受访者对调研内容理解较准确且对北京居住环境较为熟悉，样本具有一定代表性。

二、样本描述性统计

对调研样本描述性统计指标数据进行整理的结果如下：

（1）从性别比例看，男性 174 人，占样本总量的 42.86%；女性

232人，约占样本总量的57.14%。在406个调查样本中，男女人数比例为43：57，男性略少于女性。

（2）从年龄角度来看，调研对象基本以年轻人为主，平均年龄30.16岁。其中，19－29岁有187人，占样本总量46.06%；30－39岁的中年群体有160人，占样本总量39.4%；40－49岁40人，占样本总量9.8%。

（3）从受教育年限来看，平均受教育年限为16.4岁以上，属于大学以上的水平。小学29人，占样本总量的7.14%；初中48人，占样本总量的11.8%，高中和中专73人，占样本总量的17.98%；大学及以上256人，占样本总量的63.05%。

（4）在环保意识方面，认为环保问题非常重要的有380人，占样本总量的93.6%；认为环保问题不重要或者一般重要的有20人，占样本总量的4.9%。这说明随着近年雾霾等环境问题的日益突出，环保话题与居民生活日益息息相关，居民的环保意识有了普遍的提高。

（5）在对平原造林工程了解程度方面，不了解工程的有155人，占样本总量的38.18%；经介绍后表示听说过工程的有180人，占样本总量的44.33%；比较了解工程的有71人，占样本总量的17.49%。说明工程本身普及程度并不高，但对工程存在感知力的人数不少。大多数受访对象只了解工程实施区域植被增加了，但对平原造林工程的具体规划和建设目标缺乏了解。

（6）从人口分布统计来看，调查样本中有农村户籍人口96人，占总体样本比例为23.65%；拥有北京市户籍人口数为130人，占总体样本比例为32.02%；外来长期在京居住的人数为310人，占76.35%；在京居住平均年限超过8年。

（7）在总样本中，有350位居民常居地紧临造林绿化带，占样本总数的86.21%。调研样本指标数据描述性统计分析结果见表5－2。

表5-2 调查样本描述性统计分析结果

属性		统计量	比例（%）
性别（人数）	男	174	42.86
	女	232	57.14
农村人口数（人数）		96	23.65
拥有北京户口（人数）		130	32.02
居住在造林绿化带附近（人数）		350	86.2
长期居京（人数）		310	76.35
平均年龄（年）		30.16	
受教育年限（年）		16.4	
居住平均年限（年）		8.862	

数据来源：根据课题组实际调研获得。

受访者对平原造林工程满意度情况见表5-3。

表5-3 受访者满意度调研数据

类别	非常不满意	较不满意	一般	比较满意	非常满意	总人数
局部温度调节	2	56	48	202	98	406
局部空气质量改善	10	46	32	198	120	406
局部防风固沙能力	8	38	34	208	118	406
局部水源涵养能力	18	106	66	158	58	406
局部降低噪音能力	6	84	54	162	100	406
城市形象改善	8	34	40	192	132	406
增加就业岗位效果	18	84	134	140	30	406
提供休憩空间效果	2	18	70	156	160	406

续表

类别	非常不满意	较不满意	一般	比较满意	非常满意	总人数
促进周边生态产业发展	8	52	90	178	78	406
促进周边产业聚集	14	76	146	118	52	406
提高周边土地利用价值	16	40	108	150	92	406
促进周边产业结构转型	4	38	90	224	50	406
区域景致美观	2	8	44	260	92	406
人行步道设计	8	30	136	164	68	406
空间结构利用	14	48	56	214	74	406
植被多样性搭配	20	58	130	142	56	406
绿化景观维护	6	36	138	160	66	406
病虫害防治	2	42	150	144	68	406
公共设施维修	8	70	144	132	52	406
垃圾清理	12	52	148	138	56	406

数据来源：根据课题组实际调研获得。

三、模型建立及指标权重

根据平原造林工程满意度评价指标体系建立模型，Y 表示一级指标，即生态消费者对平原造林工程的总体满意度；U_1、U_2、U_3、U_4、U_5 为二级指标准则层，分别为生态消费者对平原造林工程的生态效果、经济效果、社会效果、景观美化效果以及管理维护效果的满意度；u_{ij} 为方案层，即各项具体指标，如表 5-3 所示。e_i 为内生观测变量的误差，r_i 为结构方程未能解释部分。在理论模型中所有测量误差项 e 的起始值均设为 1，而潜在变量中须有 1 个观测变量的指标变量的参数值也设为

1, 具体如图 5 – 1 所示。

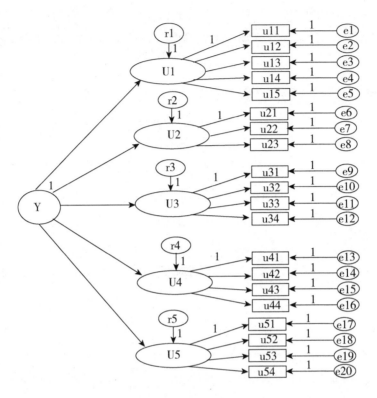

图 5 – 1 模型结构

应用 Amos 软件对平原造林工程生态消费者满意度评价模型进行参数估计,模型经过修正后检验结果显示:CMIN/DF 值为 2. 251,小于 3;RMSEA 值为 0. 079,小于 0. 08;RMR 值为 0. 071;cfi 值和 ifi 值分别为 0. 901 和 0. 903,均大于 0. 9,说明模型拟合效果可以被接受。利用模型参数估计的结果,我们可以得到平原造林工程居民满意度二级指标和三级指标的因素载荷量,进行归一化处理后分别得到相应的权重系数,具体如表 5 – 4 所示。

表 5 – 4　居民平原造林工程满意度评价指标权重表

2级指标	因素载荷量	归一化权重	3级指标	因素载荷量	归一化权重
生态效果 U_1	0.873	0.1909	局部温度调节	0.649	0.1754
			局部空气质量改善	0.794	0.2146
			局部防风固沙能力	0.710	0.1919
			局部水源涵养能力	0.798	0.2157
			局部降低噪音能力	0.749	0.2024
社会效果 U_2	0.934	0.2042	城市形象改善	0.768	0.3546
			增加就业岗位效果	0.672	0.3102
			提供休憩空间效果	0.726	0.3352
经济效果 U_3	0.839	0.1835	促进周边生态产业发展	0.752	0.2760
			促进周边产业聚集	0.660	0.2422
			提高周边土地利用价值	0.648	0.2378
			促进周边产业结构转型	0.665	0.2440
景观美化效果 U_4	0.990	0.2165	区域景致美观	0.667	0.2460
			人行步道设计	0.790	0.2914
			空间结构利用	0.460	0.1697
			植被多样性搭配	0.794	0.2929
管理维护 U_5	0.937	0.2049	绿化景观维护	0.824	0.2466
			病虫害防治	0.788	0.2358
			公共设施维修	0.864	0.2585
			垃圾清理	0.866	0.2591

　　结果表明，在二级指标中，对工程总体满意度影响最大的是景观美化效果 U_4，归一化权重系数达到 0.2165；其他各项对工程总体满意度的影响从高到低依次排序为管理维护效果、社会效果、生态效果，归一化权重系数分别为 0.2049、0.2042、0.1909；而经济效果对居民总体满

意度的影响力最低，其归一化权重系数只有 0.1835。

从三级指标层面看，局部空气质量改善与局部水源涵养能力提高是生态效果中影响被调查对象满意度的两大主要指标，归一化权重分别为 0.2146 和 0.2157；城市形象的改善是社会效果中对调查对象满意度影响最大的指标，该项指标归一化权重占到 0.3546；促进周边区域生态产业发展在经济效果中对居民满意度中影响最大，归一化权重达到 0.2760；在景观美化效果中，植被多样性搭配问题对居民满意度影响最大，归一化权重为 0.2929；道路及公共设施维修和垃圾清理是管理维护层中影响受访群体满意度的焦点，归一化权重分别达到 0.2591 和 0.2585。

四、综合评价及结果

基于归一化结果对居民满意度各项指标进行赋权后，我们应用模糊综合评价方法对平原造林工程居民满意度进行评价。满意度综合评价值依次为"非常满意 = 5""比较满意 = 4""一般 = 3""不太满意 = 2""非常不满意 = 1"，首先进行第一层次模糊综合评价，即利用方案层数据指标归一化权重进行计算，然后再利用第二级数据指标归一化权重计算得到第二层次模糊综合评价值。具体计算步骤如下：

对于生态效果层面指标，模糊综合评价数据集为：

$$N_1 = (0.1754 \quad 0.2146 \quad 0.1919 \quad 0.2157 \quad 0.2024)$$

$$X = \begin{pmatrix} 0.0049 & 0.1379 & 0.1182 & 0.4975 & 0.2414 \\ 0.0246 & 0.1133 & 0.0788 & 0.4877 & 0.2956 \\ 0.0197 & 0.0936 & 0.0837 & 0.5123 & 0.2906 \\ 0.0443 & 0.2611 & 0.1626 & 0.3892 & 0.1429 \\ 0.0148 & 0.2069 & 0.1330 & 0.3990 & 0.2469 \end{pmatrix}$$

$$(0.0225 \quad 0.1647 \quad 0.1157 \quad 0.4549 \quad 0.2422)$$

通过模糊综合评价数据集 N_1 可以看出，生态效果满意度的指标对评语集的隶属度分别为 0.0225、0.1647、0.1157、0.4549、0.2422。在此基础上计算得到生态效果层面满意度综合评价值 $q_1 = 1n_{11} + 2n_{12} + 3n_{13} + 4n_{14} + 5n_{15} = 3.7297$。

对于社会效果层面指标，模糊综合评价数据集为：

$$N_2 = (0.3546 \quad 0.3102 \quad 0.3352)$$

$$\times \begin{bmatrix} 0.0197 & 0.0837 & 0.0985 & 0.4729 & 0.3251 \\ 0.0443 & 0.2069 & 0.3300 & 0.3448 & 0.0739 \\ 0.0049 & 0.0443 & 0.1724 & 0.3842 & 0.3941 \end{bmatrix} =$$

$$(0.0244 \quad 0.1087 \quad 0.1951 \quad 0.4305 \quad 0.2703)$$

同理，通过模糊综合评价数据集 N_2 可以看出，社会效果满意度的指标对评语集的隶属度分别为 0.0244、0.1087、0.1951、0.4305、0.2703。在此基础上计算得到社会效果满意度综合评价值 $q_2 = n_{21} + 2n_{22} + 3n_{23} + 4n_{24} + 5n_{25} = 3.7906$。

对于经济效果层面指标，模糊综合评价数据集为：

$$N_3 = (0.2760 \quad 0.2422 \quad 0.2378 \quad 0.2440)$$

$$\times \begin{bmatrix} 0.0197 & 0.1281 & 0.2217 & 0.4384 & 0.1921 \\ 0.0345 & 0.1872 & 0.3596 & 0.2906 & 0.1281 \\ 0.0394 & 0.0985 & 0.2660 & 0.3695 & 0.2266 \\ 0.0099 & 0.0936 & 0.2217 & 0.5517 & 0.1232 \end{bmatrix} =$$

$$(0.0256 \quad 0.1270 \quad 0.2656 \quad 0.4139 \quad 0.1680)$$

同理，通过模糊综合评价数据集 N_3 可以看出，经济效果满意度准则层下的指标对评语集的隶属度分别为 0.0256、0.1270、0.2656、0.4139、0.1680。在此基础上计算得到经济效果满意度综合评价值 $q_3 = n_{31} + 2n_{32} + 3n_{33} + 4n_{34} + 5n_{35} = 3.5718$。

对于景观美化效果层面指标，模糊综合评价数据集为：

$$N_4 = （0.2460 \quad 0.2914 \quad 0.1697 \quad 0.2929）$$

$$\times \begin{bmatrix} 0.0049 & 0.0197 & 0.1084 & 0.6404 & 0.2266 \\ 0.0197 & 0.0739 & 0.3350 & 0.4039 & 0.1675 \\ 0.0345 & 0.1182 & 0.1379 & 0.5271 & 0.1823 \\ 0.0493 & 0.1429 & 0.3202 & 0.3498 & 0.1379 \end{bmatrix} =$$

$$（0.0272 \quad 0.0883 \quad 0.2415 \quad 0.4671 \quad 0.1759）$$

同理，通过模糊综合评价数据集 N_4 可以看出，景观美化效果的指标对评语集的隶属度分别为 0.2373、0.3161、0.1985、0.1095、0.1386。在此基础上计算得到景观美化效果满意度综合评价值：$q_4 = n_{41} + 2n_{42} + 3n_{43} + 4n_{44} + 5n_{45} = 3.6761$。

对于管理维护效果层面指标，模糊综合评价数据集为：

$$N_5 = （0.2466 \quad 0.2358 \quad 0.2585 \quad 0.2591）$$

$$\times \begin{bmatrix} 0.0148 & 0.0887 & 0.3399 & 0.3941 & 0.1626 \\ 0.0049 & 0.1034 & 0.3695 & 0.3547 & 0.1675 \\ 0.0197 & 0.1724 & 0.3547 & 0.3251 & 0.1281 \\ 0.0296 & 0.1281 & 0.3645 & 0.3399 & 0.1379 \end{bmatrix} =$$

$$（0.0176 \quad 0.1240 \quad 0.3571 \quad 0.3529 \quad 0.1484）$$

同理，通过模糊综合评价数据集 N_5 可以看出，管理维护效果的指标对评语集的隶属度分别为 0.1272、0.1521、0.2216、0.1095、0.1386。在此基础上计算得到管理维护效果满意度综合评价值 $q_5 = n_{51} + 2n_{52} + 3n_{53} + 4n_{54} + 5n_{55} = 3.4907$。

最后通过综合计算得出综合评价值，评价结果如表 5-5 所示：

表5-5 平原造林工程居民满意度评价结果

各层满意度	不同评价等级的隶属度					综合评价值
生态效果满意度	0.0225	0.1647	0.1157	0.4549	0.2422	3.7297
社会效果满意度	0.0244	0.1087	0.1951	0.4305	0.2703	3.7906
经济效果满意度	0.0256	0.1270	0.2656	0.4139	0.1680	3.5718
景观美化效果满意度	0.0272	0.0883	0.2415	0.4671	0.1759	3.6761
管理维护效果满意度	0.0176	0.1240	0.3571	0.3529	0.1484	3.4907
总体综合满意度	0.0231	0.1215	0.2361	0.4186	0.2008	3.6526

评价结果表明：

（1）从生态效果来看，居民满意度的综合评价值为3.7297，处于"一般"与"比较满意"区间内，且接近"比较满意"水平。表明受访者对平原造林工程的生态效果较为认可。对比生态效果隶属度矩阵中各项指标隶属值可以看出，受访者对于平原造林工程中防风固沙的效果最为满意，评价指标为"比较满意"及以上水平合计达到了0.8029，而对局部水源涵养功能的改善作用认可度最低，该项指标隶属值处于"比较满意"及以上水平合计只有0.5321。

（2）从社会效果来看，该项指标居民满意度的综合评价值为3.7906，处于"一般"与"比较满意"区间内，且接近"比较满意"水平。表明受访者对平原造林工程社会效果基本持认可态度。对比社会效果隶属度矩阵中各项指标可以看出，受访对象对于平原造林工程改善城市形象以及创造休憩空间的效果都较为满意，评价指标处于"比较满意"及以上水平合计分别为0.7980和0.7783。而对工程发挥增加就业机会作用的认可度不高，隶属值处于"比较满意"水平以上的合计为0.4187，不足一半。

（3）从经济效果来看，居民满意度的综合评价值为3.5718，处于"一般"与"比较满意"区间内，且接近"比较满意"水平。这表明调查样本对平原造林工程经济效果满意度尚可。进一步从经济效果隶属度矩阵中各项指标对比看出，居民对平原造林工程给周边地区生态产业及其他产业转型带来效果持有较为认可的态度，隶属值达到"比较满意"水平及以上合计超过0.6305和0.6749。而居民对于平原造林工程发挥促进周边区域及其他产业聚集的作用认可度不高，隶属值达到"比较满意"水平及以上的合计为0.4187，不足一半。

（4）从景观美化效果来看，居民满意度的综合评价值为3.6761，处于"一般"与"比较满意"区间内，且接近"比较满意"水平。表明居民对工程环境美化的效果持一定的认可状态。进一步对比景观美化效果隶属度矩阵中各项指标隶属值可以看出，对平原造林工程的景观美化效果较为满意合计值为0.8670，但对植被搭配的效果存在较大的异议，持满意水平的合计仅为0.4877，不足一半。

（5）从管理维护效果来看，该项指标居民满意度的综合评价值为3.4907，处于"一般"水平，是工程实施效果中居民满意度最低的一项。表明居民对于工程管理维护总体效果满意度不高。进一步从管理维护效果隶属度矩阵可以看出，有相当数量的居民对公共设施更新以及垃圾处理持有不满意的态度，持满意水平隶属值合计分别为0.4532和0.4778，不足一半。

（6）综上所述，项目区周边居民对于平原造林工程实施总体效果基本满意，但对不同层面效果满意度存在差异性。居民对于平原造林工程所带来的实施效果满意度从高到低依次为：社会效果满意度＞生态效果满意度＞景观美化效果满意度＞经济效果满意度＞管理维护效果满意度。其中，社会效果和生态效果两个满意度是明显高于平均水平的，说明平原造林工程带来的社会与生态效果较为明显，居民认可度较高；而景观美化效果满意度次之，说明民众对平原造林工程带来景观美化效果较为认可；最后，平原造林工程带来经济效果居民满意度与管理维护效果居民满意度都处于较低的水平，特别是后期管理维护效果处于各项工程效果满意度最低水平，说明居民普遍认为平原造林区后期管理维护工作有待加强。

第四节　小　结

项目区周边居民对平原造林工程实施的总体效果基本满意，但对工程所带来的不同层面的效果认可度存在一定差异，这表明平原造林工程在取得预期成效的同时仍有改进完善的空间。结合实地调研及居民的平原造林工程实施效果满意度评价结果可以发现，居民对社会层面、生态层面以及景观美化层面的满意度较高，这主要是因为平原造林工程为居民就地就近提供了游憩环境，提高了居民的生活质量。影响居民对平原造林工程实施效果满意度的因素主要体现在经济效益和后期管理维护上，工程的建设和维护所能带来的就业数量相当有限，因周边餐饮、住宿等服务业的发展相对滞后，周边区域乡村旅游业发展缓慢。鉴于北京平原地区独特的地理环境特征，在大规模造林的同时，造林质量存在一些问题，使得后续养护管理工作显得更加重要。

第六章

潜在影响工程成果巩固和新一轮平原
造林工程实施的因素分析

以"城市拥有森林，绿色引领生活"为目标的北京平原造林工程自2012年开始实施，对改善北京市生态环境发挥了重要的作用。虽然北京市一期平原造林工程已经完成，但是造林区后期的维护还需要大量的人力和资金投入。作为城市发展的微观主体，北京市居民是平原造林工程的主要受益者，探讨其对于平原造林工程的后期维护以及其他城市造林工程（如北京市重点区域城市造林工程）的支付意愿和支付水平，可为改变城市造林工程依赖财政投入的单一融资状况、利用民间资金支持城市造林工程可持续经营与发展提供科学依据，具有重要的现实意义。

另外，作为一项能改善北京生态环境的重要生态工程，工程的可持续运行除需要政府的大力支持外，利益相关农户的积极参与既是一期平原造林工程成果巩固的重要决定因素，也是新一轮平原造林工程能够得以顺利开展的重要决定因素。因此，关注并探讨农户参与后续平原造林建设和成果维护工作的行为意向，可为政府制定和完善相关政策提供参考依据。

基于此，在对一期平原造林工程进行绩效评价的基础上，本部分将进一步对潜在影响工程成果巩固和新一轮平原造林工程顺利实施的两个重要因素——北京居民对城市造林工程支付意愿，以及农户参与后续平原造林建设和成果维护工作的行为意向进行重点分析。

第一节　北京市居民对城市造林工程支付意愿
研究——以平原造林工程为例

城市绿化是建设宜居城市的关键，城市造林工程具有净化空气、降低噪音等生态服务功能，客观上改善了城市居住环境，提升了城市居民的生活质量。已有一些学者针对城市造林工程进行了深入研究，但是这些研究主要关注的是城市造林工程的生态效益评价（陆贵巧，2006；邢星，2006），很少有从城市居民支付意愿等社会科学角度对城市造林工程进行研究。北京市居民对城市造林工程的支付意愿总体上属于生态支付的范畴，国内外现有的关于生态补偿支付意愿的研究较多，主要关注的是城乡居民对河流（史恒通等，2015）、湿地（于文金，2011）、森林（李国志，2016）、大气（杨宝路等，2009；蔡春光等，2007；魏同洋等，2015）、生物多样性（曹先磊，2017）等不同生态系统服务的支付意愿和支付数量。迄今为止，主要采用逻辑回归和概率单位回归等分类数据模型分析支付意愿的影响因素（何可，2013；靳乐山，2011；郑海霞，2010）。而双栏模型（Double—hurdle Model）以其可以同时研究支付意愿和支付水平影响因素的优势，近年来被运用到生态服务支付意愿的测度中。诸培新（2010）以南京市为例，利用双栏模型研究城乡居民支付意愿的影响因素，发现家庭收支状况对城乡居民的支付意愿有显著的正向影响。马山（Shan Ma，2012）调查美国密歇根州的1700多家农户的支付意愿和支付水平，利用双栏模型得出农户主要是根据生态服务能为他们的农业生产带来的效益的大小来决定为生态服务支付的成本。

虽然以往关于居民对改善居住环境支付意愿的研究已经很多，但少有学者关注城市造林工程的支付意愿研究。鉴于此，本书利用北京市平原造林重点区域的微观调查数据，研究北京市居民对城市造林工程的支付意愿和支付水平状况，并运用双栏模型（Double—hurdle Model）分析影响其支付意愿和支付水平的关键因素。在此基础上，探讨不同限定条件下影响因素的差异性，为政府城市造林工程筹资决策提供参考。

一、数据和研究方法

1. 数据来源

本章的研究对象是北京市居民，实际的调研在奥森公园、郊野公园等平原造林工程重点及周边区域开展，主要通过问卷来获得研究所需数据。课题组在进行北京市居民对平原造林工程实施效果满意度预调研过程中发现，受访对象表现出明显的支付意愿差异。为了对这一差异做深入的分析，课题组在"北京市居民对平原造林工程满意度调查问卷"中加入了"支付意愿"与"支付水平"等相关问题，随后进行了问卷的第二轮发放（见附件2），因此本章与第五章的调查样本存在数量上的差异。本章的研究数据主要来源于问卷中的两个主要部分：一是受访市民对北京市平原造林和其他类似城市造林工程的支付意愿和支付水平；二是样本居民的个人基本特征和社会经济信息，如性别、年龄、文化程度、家庭收入状况、对工程的了解程度、未来留京发展规划等。我们共发放问卷240份，得到有效问卷218份，问卷有效率为91%。

2. 模型选择

北京市居民是否愿意为平原造林工程的后续维护和其他城市造林工程付费和愿意支付多少是两个不同的决策，各自的影响因素应会存在差异。所以，结合其他学者的研究和本书的研究目的，本书采用双栏模型

（Double—Hurdle Model）对北京市居民对城市造林工程的支付意愿和支付水平的影响因素进行分析。其具体模型如下：

$$y_i^* = \sum_j x_{ij}\beta_i + \mu_i, \mu \sim (0, \delta^2)$$

其中，y_i^* 表示受访者最大支付意愿的观察值；x_{ij} 为支付意愿的影响因素；β_i 为参数项；μ_i^* 为残差项。第一阶段利用 Probit 模型，当 $y_i^* > 0$ 时，y_i^* 取值为 1；当 $y_i^* \leq 0$ 时，y_i^* 取值为 0。该模型可以估计出北京市民是否愿意为平原造林工程的后续维护和其他城市绿化工程付费的影响因素，但无法分析愿意支付金额的影响因素。所以，第二阶段引入 Truncated 模型来估计受访者中愿意付费的样本组支付金额的影响因素，在 Truncated 模型中，当 $y_i^* > 0$，$y_i = y_i^*$；同时该模型不考虑 $y_i^* \leq 0$ 时的样本数据。

3. 变量选择

北京市居民对城市造林工程的支付意愿和支付水平受到多种因素的影响，其中包括被调查者的个人特征、家庭特征。同时，也包括环境意识和对工程了解程度等特征变量。鉴于此，根据已有的支付意愿相关研究，结合本文的研究目的和北京市平原造林工程的实际情况，设计因变量和自变量如下所示：

（1）因变量。为分析北京市居民对平原造林和其他城市造林工程支付意愿及支付水平的主要影响因素，选取北京市居民是否愿意为城市造林工程付费和最大支付金额作为两个因变量。

（2）自变量。在影响北京市居民支付意愿的因素中，重点考察个体特征、居民对北京市感情程度、环保意识以及对当地政府工作的认识程度等表征个体态度的变量作为自变量。

在个体特征变量方面，主要包括受访市民的性别、年龄、受教育年限、职业、职业与环保的相关性、收入水平等六个变量。一般而言，受访者的教育程度越高，就会越重视生态环境保护，对造林工程的支付意愿越强；受访者年龄的不同，可能会影响他们的支付水平。关于受访者的职业，从事环保相关职业的市民可能更能意识到平原造林工程的重要意义，不同职业之间的收入水平的差异也有可能成为支付意愿间差异的原因。

在居民对于城市感情方面，主要包含户口和居民的留京意愿。有北京户口的市民可能更愿意为北京市的城市造林贡献力量；对于近期打算留在北京继续发展的居民，更可能愿意将城市的绿化与自己的生活质量之间建立联系，进而影响其支付意愿。

在环保意识方面，主要考察市民对于环保问题重视程度和他们参与环保活动的积极性。一般认为，更重视环保问题和更积极参与环保活动的市民，可能对城市造林工程有较强的支付意愿。

在对政府工作的认识程度方面，主要包括对政府以往财政资金有效利用的印象和对平原造林工程的了解程度。对政府以往财政资金利用情况较满意的市民可能更愿意支付资金协助政府发展城市造林。此外，市民对北京市平原造林项目的了解程度越高，可能越有意向为其付费。表6-1显示了自变量和因变量的含义和赋值。

表6-1 变量选取及赋值

变量名称	变量代码	具体解释	
支付意愿	Y_1	市民是否愿意为平原造林工程做生态支付：愿意 will = 1；不愿意 will = 0	…
支付水平	Y_2	市民愿意为平原造林工程支付的最大金额	…
性别	X_1	男 gender = 1；女 gender = 0	
年龄	X_2	具体数值	
受教育年限	X_3	具体数值	

变量名称	变量代码	具体解释	
职业	X_4	设置四类哑变量：X_{41} = 行政机关事业单位，X_{42} = 企业白领，X_{43} = 学生，X_{44} = 个体经营者	
工作与环保相关性	X_5	"从事与环境保护相关的工作" = 1；"工作与环保不相关" = 0	
月收入	X_6	"2000 元以下" = 1；"2000 ~ 5000 元" = 2；"5000 ~ 10000 元" = 3；"10000 ~ 20000 元" = 4；"20000 元以上" = 5	
有无北京户口	X_7	"有北京户口" = 1；"无北京户口" = 0	
留京发展规划	X_8	"有留京发展规划" = 1；"没有留京发展规划" = 0	
重视程度	X_9	"认为环保问题非常重要" = 5；"认为环保问题重要" = 4；"认为环保问题一般重要" = 3；"认为环保问题不太重要" = 2；"认为环保问题不重要" = 1	
参与环保活动的积极性	X_{10}	"经常参加环保活动" = 3；"很少参加环保活动" = 2；"从未参加但有意向参加环保活动" = 1；"从未参加也没有意向参加环保活动" = 0	
财政资金有效利用的印象	X_{11}	对以往政府财政资金有效利用的印象"满意" = 1；"不满意" = 0	
对工程了解程度	X_{12}	"对造林工程非常了解" = 5；"了解造林工程" = 4；"对造林工程一般了解" = 3；"不太了解造林工程" = 2；"完全不了解造林工程" = 1	+

4. 变量的描述性统计分析

北京市居民支付意愿和支付水平调查结果表明，在 218 个样本中，有 136 位受访者表示对城市造林工程有支付意愿，占总样本的 62%；82

人表示不愿意支付，占总样本的 38%。在有支付意愿的 136 人中，96人愿意支付 1～500 元，占 70.59%；34 人愿意支付 501～2000 元，占比 25%；6 人愿意支付大于 2000 元，占 4.41%。所有样本支付意愿的年平均值为 778.81 元。图 6-1 显示了北京市居民最高付费意愿情况。

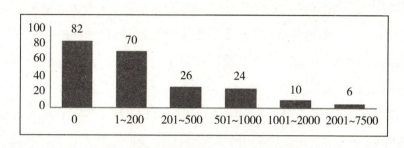

图 6-1 居民对城市绿化工程支付意愿统计

由此看出，大多数北京居民愿意为北京市绿化工程的建设和后期维护有所支付，但是支付金额的差距较大。调查表明，部分民众之所以不愿意支付，主要有两方面的原因：一是他们认为政府应该为城市造林和环境的改善全权负责，民众不应该被期待去分担政府环保工作中的经济压力；另一个是他们担心民众所支付的资金能否得到有效的利用。

从表 6-2 各影响因素的描述性统计分析结果中可以看出，本次受访对象中性别变量 X1 的均值为 0.4862，表明男女比例基本均衡；年龄 X2 均值为 25.8349，最大值和最小值分别为 73 岁和 15 岁，年龄跨度比较大，大多数样本的年龄分布在 25 岁上下；受教育年限 X3 均值为 15.6239，表明受过高等教育的受访者相对比较多，大部分集中在大学教育水平；职业 X4 均值为 6.2202，受访者的职业分布比较分散，样本基本覆盖到了社会主要行业，其中在读大学生和企业白领所占的比重较大，达到半数以上；是否从事环境相关工作 X5 均值为 0.1055，说明只有少量的受访者是从事环境相关的工作；从人均月收入 X6 均值 1.977

来看，受访市民的收入水平较低，收入在 5000 元以下的受访者占半数以上，可能是受到样本人群主要为年轻人的影响；是否为北京户口 X7 均值为 0.1972，说明受访者中在北京生活和工作的外地人所占比重比较大，这与北京市实际情况基本相符；有无留京发展规划 X8 的均值为 0.8257，说明北京对大多数受访居民的吸引力较大，大多数居民有留京发展的计划；对环保问题的重视程度 X9 和参与环保活动的意愿 X10 的均值为 4.4495、1.6284，可以看出北京市居民对城市环保问题较重视，对环保活动的参与意愿也较强。对以往政府财政资金有效利用的印象 X11 和对平原造林工程了解程度的均值为 0.211 和 2.38，说明北京市居民对以往政府财政资金的利用效率的满意度较低，并且对平原造林工程的了解程度一般。

表 6 - 2　影响因素变量的描述性统计分析

变量	观测值	均值	方差	最大值	最小值
X_1	218	0.4862	0.2509	1	0
X_2	218	25.8349	75.0048	73	15
X_3	218	15.6239	8.2910	25	5
X_4	218	6.2202	6.2094	9	1
X_5	218	0.1055	0.0948	1	0
X_6	218	1.9771	1.2760	5	1
X_7	218	0.1972	0.1591	1	0
X_8	218	0.8257	0.1446	1	0
X_9	218	4.4495	0.6541	5	1
X_{10}	218	1.6284	0.6585	3	0
X_{11}	218	0.211	0.1673	1	0
X_{12}	218	2.3807	0.7714	5	1

二、居民支付意愿和支付水平影响因素分析

基于 Eviews7.2 统计软件，采用双栏模型模拟北京市居民对城市造林工程支付意愿及其影响因素，表 6－3 为双栏模型的估计结果。

从总体上看，模型中性别、年龄、受教育年限、职业、是否为北京户口、是否从事环保类工作、收入、参与环保活动的积极性和对以往政府财政资金有效利用的印象等变量，未通过显著性检验，说明它们对北京市居民的支付意愿无显著影响；而北京民众对平原造林工程的了解程度、对环保问题的重视程度和近期内是否继续留在北京发展的规划这三个变量的 P 值均小于 0.05，通过了显著性检验，说明它们是影响市民支付意愿的关键因素。具体而言：

（1）对平原造林工程的了解程度变量有显著的正影响，即北京民众对于绿化工程的了解程度（包括目的以及在改善生态环境方面发挥的作用）越高，支付愿意就越高。

（2）对环境重视程度变量也有显著的正影响，即对环境问题关注度越高，民众越愿意为平原造林工程支付，原因在于民众比较关注环境的改善时，就更能认识到平原造林工程的价值，也就越愿意从资金上支持工程的开展。

（3）有无留京发展规划变量也为正影响，即近期内打算继续在北京生活的民众对平原造林工程的支付意愿更高。

在 Truncated 模型中，年龄、收入、参与环保活动的积极性、有无留京发展规划、对环境保护的重视程度、对平原造林工程的了解程度等六个变量对应 P 值 > 0.05，通过了显著性检验，表明它们对市民支付水平的影响较为明显。具体而言：

（1）年龄变量的第一阶段回归系数不显著，但第二阶段系数显著为负，说明年龄越大，愿意支付金额越低，与中老年人相比，年轻人群

体更愿意支付较多的资金支持造林工程。

（2）民众收入变量的第一阶段回归系数不显著，但第二阶段系数显著为正，表明有支付意愿居民的收入水平越高，愿意支付的资金就越多。

（3）参与环保活动积极性变量在第二阶段系数显著为正，说明在愿意为造林工程支付的居民中，积极参与环保活动居民的支付水平可能更高。

（4）是否有留京发展规划变量的两阶段回归系数均显著为正，说明有继续留京发展规划的居民对城市的归属意识较强，相比于计划离开北京生活的居民来说，他们对造林工程的支付意愿较强，支付水平较高。

（5）对环境保护的重视程度变量和对平原造林工程的了解程度变量的两阶段回归系数均显著为正，说明北京居民对于绿化工程的了解程度（了解其目的和其在改善生态环境方面发挥的作用）和对环境问题的关注度越高，越愿意为造林工程支付，也越倾向于提供更多的财力支持工程的实施和运营。

表6－3　双栏模型的系数估计结果

变　量	概率方程		金额方程	
	系数	P值	系数	P值
Gender	0.0777	0.8060	122.8827	0.3952
Age	−0.0376	0.0792	−20.4718	0.0369
Education	−0.0794	0.1840	−28.5168	0.2708
Household	0.4225	0.2946	143.9666	0.4373
Occupation1	−0.1142	0.8830	−546.5738	0.0879
Occupation2	−0.7891	0.2528	−394.0056	0.1373
Occupation3	−0.8145	0.2502	−198.8553	0.4523

续表

变　量	概率方程		金额方程	
	系数	P 值	系数	P 值
Occupation4	0.1497	0.8685	−239.4054	0.4613
Environmental	0.3705	0.4416	469.0219	0.0636
Income	−0.2778	0.2548	261.7072	0.0081
Retention	2.8425	0.0000	1355.353	0.0000
Importance	0.7374	0.0008	251.4783	0.0195
Participation	0.1834	0.3770	208.6536	0.0393
Satisfaction	0.1889	0.6695	−279.9457	0.1061
Comprehension	1.6853	0.0000	833.8740	0.0000
Cons	−6.2546	0.0000	−4886.766	0.0000

三、居民支付意愿和支付水平影响因素的差异性分析

基于全部样本的影响因素分析结果表明，影响北京市居民支付意愿和支付水平的主要因素有个人特征、居民对城市感情程度、环保意识和对政府工作的认识程度。因此，本书从这四个角度分析和探讨不同限定条件下居民支付意愿和支付水平影响因素的差异。

基于前文分析结果，不同的环境重视程度、对绿化工程了解程度和留京发展规划，其支付意愿和支付水平显著不同。此外，不同年龄、收入和工作与环保相关程度也会显著影响居民的支付水平。所以，为了进一步了解不同情况下显著影响北京市居民支付意愿和支付水平因素之间的差异性，首先分别将对环境重视程度、对绿化工程的了解程度和有无留京发展规划作为限定条件探讨城市造林工程支付意愿影响因素的差异性；其次，分别将年龄、收入、参与环保活动积极性、对环境重视程度、对绿化工程的了解程度和有无留京发展规划作为限定条件分析支付

水平影响因素的差异性。

1. 居民支付意愿影响因素差异性分析

(1) 环境重视程度限定下是否愿意支付的影响因素差异性分析

将北京居民对于环保的重视程度分为较低（得分 1~3 分）和较高（得分 4~5 分）两个群组，分别建立"重视环保问题"居民和"不重视环保问题"居民支付意愿影响因素模型，利用 Eviews 软件进行分析，回归结果如表 6-4 所示。其结果表明：两个模型中的显著变量存在差异，其共同之处是，有无留京发展的计划对两个模型都有显著影响。其不同之处在于，模型Ⅱ中除去有无留京发展规划，影响北京居民支付意愿的主要因素是对绿化工程的了解程度。这表明对绿化工程了解程度较高的北京居民，有较强的支付意愿。

表 6-4　对环保重视程度限定下是否愿意支付的影响因素

型Ⅰ			模型Ⅱ		
显著变量	B	Sig	显著变量	B	Sig
有无留京发展计划	0.6722	0.0391	对绿化工程的了解程度	1.9264	0.0000
			有无留京发展计划	2.4757	0.0000

(2) 对绿化工程了解程度限定下是否愿意支付的影响因素差异性分析

选择"对绿化工程的了解程度"这一变量作为限定条件，将北京居民分为对造林工程了解程度较差（1~2 分）和较好（3~4 分）两个群组，按照前文样本数据的处理方法分别建立模型Ⅲ和模型Ⅳ（见表 6-5），对比两个模型的显著影响变量发现：两个模型中显著变量之间存在一定的共同之处：模型Ⅲ和模型Ⅳ中影响程度最高的变量都是"对环境问题的重视程度"。可见，无论北京市居民对于城市造林工程的了解程度如何，对环保问题是否重视都是影响其支付意愿的关键因素。其不同之处在于，与其他类型的北京市居民相比，对于城市造林工程了解程度"较差"的居民，是否从事与环保相关的工作是影响其支付意愿的主要因素，这是因为从事环保相关工作的居民可能更能意识到群众的参与对城市造林工程持续发展的重要意义，所以他们表现出更强的支付意愿；对平原造林和类似的城市造林工程了解程度"较好"的北京市居民，除了受对环保重视程度影响，还会受到有无留京发展规划的影响。这说明，有北京户口的居民的城市认同感和归属感较高，更愿意为城市造林工程支付；重视环保问题的居民更能意识到城市造林工程的社会价值，所以表现出较强的支付意愿。

表6-5　对绿化工程了解程度限定下是否愿意支付的影响因素

模型Ⅲ			模型Ⅳ		
显著变量	B	Sig	显著变量	B	Sig
是否从事环境保护相关工作	0.4420	0.0073	有无留京发展计划	0.6990	0.0000
环境重视程度	0.2660	0.0197	对环境重视程度	0.1013	0.0002
环保活动参与积极性	0.1576	0.0245			

（3）在有无留京发展计划限定下是否愿意支付的影响因素差异性分析

根据有无留京发展计划，按照前文样本数据的处理方法，分别建立有留京发展计划居民对北京市绿化工程支付意愿影响因素模型（模型Ⅴ）和无留京发展计划居民对北京市绿化工程支付意愿影响因素模型（模型Ⅵ），回归结果如表6-6所示。分析表6-6，我们可以得到以下基本结论：两个模型的显著影响变量之间存在一定的差异。就"有留京发展计划"的受访者而言，对绿化工程的了解程度变量是关键因素；就"无留京发展计划"的受访者而言，除了受到对绿化工程的了解程度的影响，还受到收入水平和对环保问题重视程度等两个关键因素的影响。这表明，无论是否有继续留在北京市发展的计划，北京居民对于绿化工程的了解程度，都是决定他们是否愿意为城市造林工程支付的关键影响因素。而相比于其他居民，"无留京发展计划"的北京居民的支付意愿还受到收入水平的负向影响，说明收入水平较高的人群不一定有较强的支付意愿，这可能是因为高收入人群纳税较多，更希望政府承担城市造林工程的全部义务。

表6-6 在有无留京发展计划限定下是否愿意支付的影响因素

模型 V			模型 VI		
显著变量	B	Sig	显著变量	B	Sig
对绿化工程了解程度	0.1401	0.0127	对绿化工程了解程度	1.7818	0.0000
			对环保问题重视程度	0.7747	0.0022
			收入	-0.3389	0.0434

2. 居民年最高付费金额影响因素差异性分析

（1）环境重视程度限定下居民年最高付费金额的影响因素差异性分析

参照上文，依据北京市民对环境保护重视程度的不同，分别建立较高环境重视程度下的 Truncated 模型 a 和较低重视程度下的 Truncated 模型 b，回归结果如表6-7所示。

两个"重视环保问题"居民和"不重视环保问题"居民支付水平影响因素模型结果表明：

两个模型中的显著影响因素存在一定差异。就对环境问题重视程度较低的居民而言，有无留京发展计划是关键因素，有留京计划的居民更倾向于支付较高的费用；而对环境重视程度较高的居民而言，其决定支付的最高金额除了受到留京计划的影响，还受到收入水平和对政府以往财政印象的显著正向影响。这说明收入水平的提高和对政府财政运行效率满意度的提升，对居民增加对城市造林工程的最高支付金额有积极的促进作用，影响效果与总体估计的结果基本一致。

表6-7 对环境重视程度限定下居民最高付费金额影响因素

模型 a			模型 b		
显著变量	B	Sig	显著变量	B	Sig
对政府财政资金有效利用印象	415.1264	0.0004	有无留京发展计划	1300.9043	0.0081
收入	216.5336	0.0068			
有无留京发展计划	1496.750	0.0000			

（2）在对绿化工程了解程度限定下居民年最高付费金额的影响因素差异性分析

选择"对绿化工程的了解程度"作为限定条件，分别建立对绿化工程了解程度较低的居民最高支付金额的影响因素模型（模型 c）和对绿化工程了解程度较高的居民最高愿意付费的影响因素模型（模型 d），回归结果如表6-8所示。对比两个模型的显著影响变量发现：两个模型中，有无留京发展规划都是显著影响因素，但是相比之下，有无留京发展计划对于对绿化工程了解程度较高的居民的影响系数更高。除了是否有留京发展的计划之外，"收入"变量的偏回归系数较大，说明对于比较了解平原造林等北京市绿化工程的居民来说，收入的增加驱动他们愿意为绿化工程支付更高的费用，与总体样本的估计一致。

表 6-8 对绿化工程了解程度限定下居民最高付费金额影响因素

模型 c			模型 d		
显著变量	B	Sig	显著变量	B	Sig
是否与环保相关职业	1080.794	0.0008	收入	356.7093	0.0001
有无留京发展计划	1246.267	0.0030	有无留京发展计划	1523.653	0.0003

（3）在有无留京发展计划限定下居民年最高付费金额的影响因素差异性分析

根据居民有无留京生活和工作的计划，将样本分为两组，分别建立"有留京发展计划"居民的最高付费金额影响因素模型（模型 e）和"无留京发展计划"居民最高付费金额影响因素模型（模型 f），回归结果如表 6-9 所示。通过分析表 6-9，可以得出以下基本结论：两个模型中显著变量之间存在较大的差异。其共同之处在于，对绿化工程的了解程度对两个模型都有显著影响。其不同之处是，在模型 e 中，年龄的影响方向为负，表明随着年龄的增大，居民的支付意愿反而降低；此外，居民的收入水平、是否从事环保工作和参与环保活动的积极性的影响系数都较大，表明有留京发展意向的居民如果有较高的环保意识和较高的收入水平，更倾向于为城市造林工程支付较高的费用。

表 6-9 在有无留京发展计划限定下居民最高付费金额影响因素

模型 e			模型 f		
显著变量	B	Sig	显著变量	B	Sig
年龄	-21.6052	0.0293	了解程度	86.0718	0.0217
了解程度	869.0655	0.0000			
是否从事环保相关工作	647.2877	0.0205			
收入	211.3617	0.0041			
参与环保活动积极性	243.5629	0.0215			

（4）在年龄限定下居民年最高付费金额的影响因素差异性分析

将样本按照年龄≤35岁和年龄>35岁划分为两组。按照前文Trun-cated模型中数据的处理方法，分别建立年龄≤35岁的居民最高付费影响因素模型（模型g）和年龄>35岁的居民最高愿意支付金额的影响因素模型（模型h），回归结果如表6-10所示。通过分析表6-10发现，虽然将样本按照年龄段划分为了不同的组别，但是"对绿化工程的了解程度"和"收入水平"变量均在两个不同的模型中体现出了较强的显著影响关系，与总体估计结果大致相同。模型g表明，年龄≤35岁的居民为绿化工程最高支付金额的影响因素还包括居民的参与环保活动积极性、是否有留京发展计划和对环境问题的重视程度等。

表6-10　在年龄限定下居民最高付费金额影响因素

模型 g			模型 h		
显著变量	B	Sig	显著变量	B	Sig
了解程度	799.7809	0.0000	了解程度	261.6238	0.0860
收入	189.2640	0.0113	收入	326.4809	0.0096
是否有留京发展计划	1629.618	0.0000			
环境重视程度	218.1610	0.0489			
参与环保活动积极性	249.5859	0.0198			

（5）在收入水平限定下居民年最高付费金额的影响因素差异性分析

按月收入水平10000元的标准将居民样本划分为两组（<10000元和≥10000元），建立月收入<10000元的居民为城市造林工程年最高付费金额影响因素模型（模型i）和月收入≥10000元的居民年最高付费金额影响因素模型（模型j），回归结果如表6-11所示。分析表6-

11，模型 i 中影响收入水平较低居民最高支付金额的因素，按照影响系数的从大到小分别为：是否有留京发展的计划、对城市造林工程的了解程度和参与环保活动积极性。前三个因素的影响效果与总体估计的结果基本一致。模型 j 中，对工程了解程度的影响系数为正，说明高收入居民对于生活水平的要求较高，其越了解造林工程带来的环境、经济等效益，越倾向于支付较高的费用支持城市造林事业的发展。

表 6 - 11　在收入水平限定下居民最高付费金额影响因素

模型 i			模型 j		
显著变量	B	Sig	显著变量	B	Sig
了解程度	606. 5827	0. 0000	了解程度	1452. 789	0. 0484
参与环保活动积极性	178. 3444	0. 0143			
是否有留京发展计划	1035. 828	0. 0000			

（6）在是否参与环保活动限定下居民年最高付费金额影响因素差异性分析

从总体的影响因素分析中得知参与环保活动积极性变量对居民的支付水平有显著性的影响，所以将样本按照是否积极参与环保活动划分为两组，建立"积极参加环保活动"居民最高付费影响因素模型（模型 k）和"不经常参加环保活动"居民最高付费影响因素模型（模型 l），回归结果如表 6 - 12 所示。通过分析表 6 - 12 发现，两个模型的相同之处在于是否了解平原造林工程对模型 k 和模型 l 都有显著的影响；不同之处在于，模型 l 表明，不经常参与环保活动的居民，在决定愿意为城市造林工程付费的最高金额时，主要还会受到对环境保护的重视程度和收入水平的影响。

表 6 - 12 在是否积极参与环保活动限定下居民最高付费金额影响因素

模型 k			模型 l		
显著变量	B	Sig	显著变量	B	Sig
了解程度	590.7148	0.0340	了解程度	278.1105	0.0000
			环保问题重视程度	165.1637	0.0155
			收入水平	234.0302	0.0000

四、小结

本书以北京市平原造林工程为例，在分析北京市居民对城市造林工程的支付意愿和支付水平基础上，研究了影响北京市居民对城市造林工程支付意愿的各个因素，并从不同的环保重视程度、对工程了解程度、留京发展规划等限定条件下研究了影响因素之间的差异性。

描述统计的结果表明，大多数北京市民认为平原造林工程和类似城市造林工程有改善城市生态环境、美化城市形象的效益，高达 62% 的市民愿意为此付费，而他们每年的支付水平的平均值为 778.81 元。少数市民因为自身收入较低、对政府以往财政资金运行的效率不满意等原因而不愿意付费。

从影响因素分析结果可以看出，影响北京市民支付意愿的关键因素按贡献大小排序依次为：有无留京发展的规划、对平原造林工程的了解程度、对环保问题的重视程度。而影响北京市民支付水平的主要因素包括年龄、收入水平、参与环保活动积极性、对平原造林工程的了解程度、对环保问题的重视程度和有无留京发展的规划等。

从影响因素差异性分析中可知，在个人特征方面：首先根据年龄将样本分为两组，分别建立居民支付水平的影响因素模型；此外，再按照收入将样本分为两组，分别建立居民支付水平影响因素模型。我们通过分析不同年龄限定和不同收入水平限定下影响因素的差异发现：①对于不同的年龄组，对造林工程的了解程度和收入都是影响其支付水平的显著变量；②高收入居民对于生活水平的要求较高，他们对于现有的城市生活环境越不满意，越倾向于支付较高的费用支持城市造林事业的发展。

在居民对城市感情程度方面：根据居民有无留京生活和工作的计划，将样本分为两组，分别建立"有留京发展计划"居民的支付意愿和最高付费金额影响因素模型与"无留京发展计划"居民支付意愿和支付水平影响因素模型，通过分析各模型中显著变量的差异发现：①无论是否有继续留在北京发展的计划，居民对于绿化工程的了解程度，都是决定他们是否愿意为城市造林工程支付的关键；②有留京发展意向的居民如果从事与环保相关的工作或有较高的收入水平，就更倾向于为城市造林工程支付较高的费用。

在环保意识方面：将北京市民对于环保的重视程度分为较低（得分1-3分）和较高（得分4-5分）两个层次，分别建立"重视环保问题"居民与"不重视环保问题"居民支付意愿和支付水平影响因素模型。也将样本按照"积极参与环保活动"和"不经常参与环保活动"划分为两组，分别建立支付水平影响因素 Truncated 模型。利用 Eviews 软件进行分析，得出不同的环保意识限定条件下：①有无留京发展计划是影响居民支付意愿的关键因素，有留京计划的居民有较强的支付意愿且更倾向于支付较高的费用；②对于环境重视程度较高的居民而言，其支付水平除了受到留京计划的影响，还受到收入水平和对城市造林工程了解程度的显著正向影响；③不经常参与环保活动的居民对城市造林工程的支付水平主要是受对环保问题的重视程度和收入水平的影响。

在对政府工作的认识程度方面：选择"对绿化工程的了解程度"作为限定条件，将北京居民分为对工程了解程度较差（1~2分）和较好（3~4分）两个群组，分别建立支付意愿和支付水平影响因素模型，经综合比较发现：①收入是支付水平的显著影响因素，但收入对于对绿化工程了解程度较高的居民的影响系数更高；②对于比较了解平原造林等北京市绿化工程的居民来说，打算继续留在北京发展者将愿意为绿化工程支付更高的费用。

第二节　农户行为意向及影响因素研究

北京平原造林工程是一项连续的民生改善和生态文明建设工程，工程的持续运行需要政府的大力支持，更需要利益相关农户的积极参与。虽然一期工程已经全面完工，但是巩固一期工程造林成果的工作才刚刚起步，二期工程建设规划也已在筹备实施当中。而造林项目区农户的参与决策对一期、二期工程的顺利运行有着至关重要的影响，因此，进一步分析农户参与后续平原造林建设和维护工作的行为意向十分必要。具体来说：一期工程已建成林区的管护需要农户的参与，二期工程的开展需要农户继续将土地用于造林。本部分所指的农户行为意向是农户参与北京市平原造林工程的特定态度，反映了其主观的倾向和欲求，其主要包括：（1）农户继续将土地流转用于平原造林的意向；（2）农户参与工程中已建成林区养护工作的意向。从以上两个方面研究农户的行为意向，对于建设林区管护队伍、奠定二期工程实施基础有着重要的现实意义。

同时，因为工程具有连贯性，农户对一期造林工程的满意度是否会对其行为意向产生影响？影响的方向和影响程度如何？也是尤其需要关注和探讨的重要问题。所以本部分将利用前文中农户个体满意度的测评结果，重点关注农户对一期工程的个体满意度与其二期造林工程行为意向之间的关系，并对其他可能影响农户行为意向的因素进行分析。

一、农户行为意向及满意度与行为意向关系研究综述

（1）农户行为意向的概念

行为意向的界定虽然存在差异，但多数学者认可行为意向指的是未来继续参与或推荐的倾向（Cronin，1992；Boulding，1993）。农户行为意向涉及范围较广，但一般认为农户行为意向就是农户基于某种认识和意识而做出关于是否参与某一活动的倾向，如农户是否参与林地流转的倾向。

本文关注的农户行为意向，是指农户未来"将土地继续用于造林"或"参与林区养护"的倾向。

（2）农户土地流转意愿及影响因素

农户将土地流转用于造林是农户平原造林工程行为意向的重要内容，当前已有一些专家学者在该方面展开了研究，为农户参与土地流转造林行为的研究奠定了基础，这些研究主要集中于探讨农户土地流转的驱动和限制因素。

一些学者从宏观视角对农户土地流转行为进行研究，他们认为农户愿意出让土地主要是受宏观政策和经济发展的影响。金松青（2004）指出随着我国市场化改革的不断推进，宏观经济发展为农户提供了更多的非农就业机会，部分农户的主要家庭收入来源已经不是耕地所得，农户对土地的生产和收入依赖性不断减弱，因而促使农户愿意将农地流转用于集体经营、造林等用途。田传浩（2004）等对江苏、浙江、山东等地区的农村土地流转状况进行分析，发现农户的地权稳定性预期会影响他们的土地流转行为，即国家政策的稳定性对农户土地流转行为有显著的驱动力。杨明洪（2004）认为农户将土地流转用于造林受地方政

府补偿政策的影响，他运用博弈论对农户土地流转造林的行为进行分析，得出要通过较高的补偿标准和有效的监督激励机制充分调动农户的积极性。温仲明（2003）以黄土丘陵区流转土地造林的农户为例，分析农户对土地流转的认识、期望，并指出政策宣传力度、补偿标准、政策灵活性等因素都会影响农户对土地流转造林工程的接受程度。

也有一些学者着重于微观视角的研究，他们认为农户自身的禀赋是影响土地流转的内生动力。柯水发（2008）运用 logistic 模型实证分析影响农户参与土地流转造林的决策因素，得出农户参与意愿受到内外部因素综合作用的结论，其中户主的性别和文化程度等特征、农户耕地特征、家庭经营特征等都是影响农户土地流转决策的显著影响因素，如果农户家庭非农就业机会多，家庭有多种收入渠道，那么农户对土地的依赖性就弱，因而参与土地流转造林的意愿就相对较强。宋辉（2013）认为农户的土地流转意愿同样受到家庭收入高低、户主年龄、职业等家庭内部特征的显著影响。刘勇（2010）对甘肃省典型地区农户特征与土地流转行为进行相关分析，他认为农户收入、户主年龄、家庭人口数和参与农村合作医疗的人数对农户的土地流转意向有显著的影响关系，年龄较大、家庭人口数较多的农户流转出土地的意愿较为薄弱。焦玉良（2005）认为非农就业机会是影响农户土地流转行为的重要因素，有非农就业渠道的农户更愿意转出自己的承包地。

还有一些学者从计划行为理论出发对农户的土地流转行为进行研究。如周翼虎（2016）在研究安徽省农户土地流转决策时发现，农户的流转行为是农户结合主观意愿，深思熟虑社会、经济多种因素后计划的结果，农户最终的行为意向通过个体行为态度、知觉行为控制和主观规范三个方面产生。

（3）农户林区养护意愿及影响因素

对于在造林工程中流转土地的农户来说，工程的实施不仅可以提供稳定的补偿，还创造了林区后期养护绿岗就业机会，而失地农户是否有意愿把握这一机会实现再就业，则受到文化程度、护林工资等多种因素的影响。具体来说，受教育程度越高的农户，对于造林管护政策的理解更全面，所以更能做出适合自身情况的理性判断，参与林区养护的倾向越强；此外工资的激励效用也值得重视，工资越高激励农户参与林区管护的效用越强（刘馨蔚，2012）。王谦（2010）通过对青海的国有林区群众管护意愿的研究发现，农户参与林区承包管护的意愿主要取决于林区承包政策，当承包方案较为完善、承包和监管的责任清晰、林区管护内容可操作时，农户参与林区管护的积极性较高。杨莉菲（2013）分析不同公益林管护制度时发现，在公平分配养护机会、覆盖面广的管护人员选拔方式下，农户参与林区管护的门槛较低，文化程度较低的农户也有较强的参与意愿，同时，农户的意愿也受到家庭特征的影响，家庭中有护林员的农户选择继续管护工作的积极性较高。

（4）满意度与行为意向的关系

国外学者在对顾客满意度进行研究时，也关注到了满意度和行为意向之间的相关性，所以从 20 世纪 80 年代开始，有些学者致力于研究顾客满意度对其再购买行为的影响（Oliver，1980）。之后，有学者将顾客满意度概念引入旅游消费评价领域，并验证了游客满意度对游客行为有正向的积极影响（Chon，1991；Kozak，2001；Lee，2007）。但也有学者认为，满意度和行为意向之间没有明显关系（Bigñe J E，2001；Cole，2006）。

国内学者对满意度和行为意向关系的研究开始得较晚，但运用到了旅游消费、离职意向、农户行为选择等多个领域。卢韶婧等（2011）以桂林七星公园为例，分析了影响游客行为意向的因素，发现满意度对行为意向有显著的正向影响，而其他认知意向因素会通过满意度对游客行为意向产生间接的作用。但韩春鲜（2015）却提出了不同的观点，他以无锡灵山景区为研究对象，验证旅游感知价值对满意度和游客行为意向的影响路径，发现游客对景区的感知价值会分别对其满意度和行为意向产生影响，但游客满意度并不是其行为意向的前因变量。李群（2015）认为，农户工的行为意向表示的是离职意愿的高低，农户工的工作满意度与其行为意向之间关系密切，拥有较低工作满意度的农户工有较高的离职行为意向。石康桥（2015）将满意度和行为意向关系的研究引入政府公共服务领域，提出农户对林改相关政策的满意度与其林地流转行为意向之间密切相关，农户对林改政策越满意，越有意向参与林权制度改革。方良泽（2017）认为农户对公共工程的满意度在农户参与意愿及其影响因素之间存在显著的中介效应，农户的行为态度、主观规范和知觉行为控制会影响农户的满意度，并通过农户的满意度对其参与社区营造的行为意向产生间接影响作用。

综上可见，目前鲜有研究关注北京平原造林工程项目区土地流转农户行为意向，以及农户的满意度会对其行为意向产生的影响。为此，关注并探讨这些问题将为提升农户配合度、保障平原造林工程成果得到有效巩固和新一轮平原造林工程的实施提供参考依据。

二、理论模型构建

根据计划行为理论（TPB），个体的行为意向是用于预测行为的最佳变量。农户参与平原造林工程的行为意向是指农户加入林区养护队伍以及在一期造林工程合约到期后继续将土地用于造林的主观意愿。农户的行为意向越强，他们越有可能参与到平原造林区的管护和在一期工程合约到期后续签平原造林土地流转合同或积极流转土地参与新一轮平原造林工程。根据计划行为理论（TPB），农户行为意向的主要决定因素包括农户行为态度、农户的知觉行为控制和其主观规范（如图 6 - 2 所示）。

具体来说：①农户行为态度指的是农户对平原造林土地流转和林区养护行为的认知和评价，伯格沃特（Bergevoet，2004）等学者一致认为行为态度和行为意向之间存在正向相关，即农户对平原造林工程的评价越高，其行为意向越强。②农户主观规范指的是农户实施某种行为的过程中感受到的外在压力，菲什拜因（Fishbeinm，1975）和阿吉泽尼（Ajzeni，2001）认为，个体做行为决策时，感受到来自与自己有重要关系的人、组织或制度的压力比较大，就有可能改变行为意向。③农户知觉行为控制是农户判断其对于某一行为的控制力。知觉行为控制能力越强，人们越表现出积极的行为意向（阿吉泽尼，2001）。本研究重点关注农户行为态度和农户知觉行为控制对农户参与林区养护及新一轮平原造林工程土地流转的行为意向的影响。

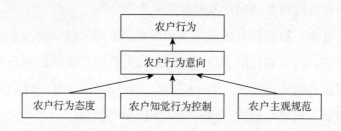

图6-2 农户行为意向的作用机理

根据计划行为理论，个人、社会、文化等因素会影响决定行为意向的行为态度、主观规范和知觉行为控制。比如，农户满意度影响行为态度，进而对行为意向产生影响（方泽良，2017），农户对平原造林一期工程的满意度越高，其对于平原造林工程的评价越积极，参与林区养护和二期工程土地流转的意向越强烈；其次，农户户主禀赋和家庭资源会影响农户对其行为的控制能力，进而影响农户的行为意向（周翼虎，2016），农户的户主禀赋越优、家庭资源越多，其知觉行为控制能力越强，就越倾向于参与平原造林工程林区养护和土地流转；此外，农户土地流转情况影响其对于参与土地流转的态度（杜培华，2008），进而对农户流转土地的行为意向产生影响。

综上，农户满意度、户主禀赋、家庭资源、流转土地情况等有可能影响农户的行为意向，所以本书将从农户满意度、农户户主禀赋、家庭资源和流转土地情况四个方面对影响农户行为意向的关键因素进行分析。

三、研究方法选择

结构方程模型（Structural Equation Model，SEM）是一种用于处理复杂变量之间因果关系的分析技术，它能够清楚地反映出单项指标对总体产生的作用以及单项指标之间的相互关系，所以在纳入多个因变量和自变量进行分析方面具有显著优势，可以弥补传统分析方法只能分析影响程度，但无法展示影响机理的不足。所以本书选用结构方程模型分析农户一期平原造林工程满意度对其行为意向的影响。结构方程模型中测量模型是用于验证潜变量和观测变量之间存在可靠关系的假设是否成立，结构模型中的路径分析则用于探索潜变量和潜变量之间的因果联系，反映了结构方程的适配性。其中，测量方程表示为：

$$X = A_x\xi + \delta \tag{6-1}$$

$$Y = A_y\eta + \xi \tag{6-2}$$

结构方程通常表示为：　$\eta = B\eta + \Gamma\xi + \zeta$　$\qquad(6-3)$

上述方程中变量的含义如表 6-13 所示：

表 6-13　结构方程模型向量和矩阵含义解释

向量/矩阵	χ	ξ	Y	η	$A_x A_y$	$B\ \Gamma$	$\xi\zeta$
含义	外生观测变量	外生潜变量	内生观测变量	内生潜变量	因子载荷矩阵	路径系数	误差项

四、变量选择与模型构建

1. 变量选择的理论和文献依据

上文基于计划行为理论，分析了农户行为态度、主观规范、知觉行为控制对其行为意向的影响，而农户满意度、户主禀赋、家庭条件、土地流转特征等会影响农户行为态度、知觉行为控制，并最终影响其行为意向。基于此，本研究参考农户退耕造林和林区养护的相关文献，从农户满意度、户主禀赋、家庭特征和流转土地特征四个方面选择了可能影响农户行为意向的关键因素如表6-14所示。

表6-14　农户行为意向主要影响因素

变量定义	潜在变量	观测变量	设计参考
自变量	户主禀赋	户主年龄	宋辉（2013），石康桥（2015），程建（2017），胡晓光（2013）
		户主文化程度	张文秀（2005），杜培华（2008），金松青（2004）
		对造林工程了解程度	石康桥（2015），吴九兴（2013）
		再就业机会	程建，程久苗，费罗成（2017）
	家庭资源	家庭收入水平	石康桥（2015），汪文雄（2010）
		家庭非农就业占比	黄海鹏（2010），刘洋，邱道持（2011），汪文雄（2010）
		家庭劳动力占比	石康桥（2015），杨钢桥（2013）
		家庭成员中是否有干部	汪文雄（2010），柯水发（2008）
	流转土地情况	土地面积	杜培华（2008），吴九兴（2013）
		土地收入占总收入比重	刘克春（2005），汪文雄（2010），杨钢桥（2013）
		土地净收益变动	张文秀（2005），柯水发（2008）

变量定义	潜在变量	观测变量	设计参考
自变量	农户满意度	经济效益满意度	赵建欣（2007），周翼虎（2016）
		社会效益满意度	赵建欣（2007），周翼虎（2016）
		生态效益满意度	汪文雄（2010），周翼虎（2016）
		管护效果满意度	周翼虎（2016），石康桥（2015）
		补偿效果满意度	周翼虎（2016），石康桥（2015）
因变量	行为意向	是否愿意土地继续用于造林	黄海鹏（2010），刘洋，邱道持（2011）
		是否愿意参与林区养护	杨钢桥（2013），汪文雄（2010）

2. 相关满意度变量选择的现实依据

北京平原造林一期工程自实施以来，依托建成林区大力发展林药种植、林花观赏、林蔬培育等林下经济产业，并通过生态建设催生森林、乡村旅游产业发展。从对样本农户的访谈中得知，一些农户认同造林工程在带动地区产业转型方面发挥的经济效益，也愿意将土地继续用于造林，在自身条件允许的情况下把握造林工程配套服务就业的机会。因此，农户对于工程经济效益的满意度可能是影响农户参与林区养护和二期工程土地流转的行为意向的重要因素。

北京市平原造林一期工程新增了许多休闲绿地，修建林间简易步道1000多公里，为居民享有安全健康的健身环境提供了保障，同时造林工程为生态环保主题宣传提供了机会，大大增强了公众的生态文明意识。有农户表示，工程开展扩大了他们游憩休闲的空间，且绿地分布均匀，满足了他们1公里以内到达健身场所的需求，所以他们愿意配合一期工程现有林区的维护和后续工程的建设。因此，农户对工程的社会效益满意度也可能对农户行为意向产生重要影响。

北京市平原造林工程打造了沿五、六环路的森林环，郊野公园和大型片林相组合贯通城区内外，极大地改变了城乡接合部昔日"脏、乱、差"的景象。从造林规划区实地走访中得知，一些农户高度评价平原造林一期工程在改善生态环境方面发挥的效益，也因此有倾向将土地继续用于造林工程。所以在研究农户个体满意度与农户行为意向的关系时，有必要考虑农户对工程生态效益的满意度。

平原造林工程将林木养护和拉动就业有机结合，通过成立林木养护中心、养护公司，建立了养护专业队伍。这些经过岗前技能培训的专业养护队伍，在林区卫生保洁、林区景观维护和林区道路修整等方面发挥了重要的作用。从对造林项目区农户的访谈中了解到，对林区养护队伍工作认可度较高的农户，其本身也愿意加入养护队伍中，以实现自身价值。所以，农户对工程管护效果的满意度也是农户行为意向影响因素研究中不可忽视的指标。

平原造林工程实施土地流转补助，市级财政每年给予土地流转农户1000～1500元/亩的补偿，有些地区区财政也会投入土地流转资金。造林项目区农户是补偿政策的直接利益相关者，农户对补偿金额、补偿的透明性的满意度较高时，其对工程保障农户收入的信心越强，也因此愿意继续将土地用于造林以领取定额的流转补偿。可见，农户对工程补偿效果的满意度也应当被选为农户行为意向的影响指标。

3. 变量筛选

本部分旨在研究一期造林工程农户满意度和其行为意向之间的关系，所以在筛选可能影响行为意向的因素时，重点关注一期平原造林工程农户满意度相关的观测变量。但为了更全面地解释农户的行为意向，本研究综合表6-14中以往学者的研究结论，将代表户主禀赋、农户家庭特征、土地流转特征的11个观测变量也纳入行为意向影响因素的筛选过程中。然后，利用 SPSS22.0 采用主成分提取法处理调研数据，采用正交旋转法剔除了任意因子负荷 <0.5 的因子"家庭成员中是否有干部"，得到 15 个因子，4 个主成分，结果如表 6 - 15 所示。其中，4 个主成分对整体问卷解释率达到 72.351%。

表 6 - 15　旋转成分矩阵

指标	主成分 1	主成分 2	主成分 3	主成分 4
户主年龄		0.773		
户主文化程度		0.759		
对造林工程了解程度		0.758		
再就业机会		0.692		
家庭收入水平				0.820
家庭非农就业占比				0.745
家庭劳动力占比				0.856
土地面积			0.821	
土地收入占总收入比重			0.840	
土地净收益变动			0.827	
经济效益满意度	0.724			
社会效益满意度	0.789			
生态效益满意度	0.859			
管护效果满意度	0.776			
补偿效果满意度	0.799			

根据上述因子选取的基础和主成分负荷结果，结合计划行为理论和农户参与平原造林工程的特征，将影响农户行为意向的因素分为四个潜变量：一是农户综合素质，包括户主的年龄、文化程度、对造林工程了

解程度和是否有再就业机会四个观测变量；二是家庭经济基础，包括家庭收入水平、家庭非农就业人口、家庭劳动力人口三个观测变量；三是土地依赖性，包括土地面积、土地收入占总收入比重和土地净收益变动三个观测变量；四是农户满意度评价，包括农户对平原造林一期工程社会效益满意度、经济效益满意度等五个观测变量。以上15个观测变量的影响方向如表6-16所示。

表6-16　农户行为意向影响因素

潜变量	观测变量	解释	预测方向
农户综合素质	户主年龄 X1	19~29 岁 =1，30~39 岁 =2，40~49 岁 =3，50~59 岁 =4，>59 岁 =5	+
	户主文化程度 X2	小学以下 =1，小学 =2，初中 =3，高中及中专 =4，大专及以上 =5	+
	对造林工程了解程度 X3	完全不了解 =1，初步了解 =2，非常了解 =3	+
	再就业机会 X4	有机会 =1，无机会 =0	+
家庭经济基础	家庭收入水平 X5	<10000 元 =1，10000~50000 元 =2，50000~100000 元 =3，100000~200000 元 =4，>200000 元 =5	—
	家庭非农就业人数 X6	实际数值（人）	+
	家庭劳动力总数 X7	实际数值（人）	—
土地依赖性	土地面积 X8	实际面积（亩）	+
	土地收入占总收入比重 X9	非常少 =1，比较少 =2，一般 =3，比较多 =4，非常多 =5	+
	土地净收益变动 X10	明显减少 =1，略微减少 =2，维持不变 =3，略微增加 =4，显著增长 =5	+

潜变量	观测变量	解释	预测方向
农户满意度评价	经济效益满意度 X11	非常不满意 = 1，比较不满意 = 2，一般满意 = 3，比较满意 = 4，非常满意 = 5	+
	社会效益满意度 X12	非常不满意 = 1，比较不满意 = 2，一般满意 = 3，比较满意 = 4，非常满意 = 5	+
	生态效益满意度 X13	非常不满意 = 1，比较不满意 = 2，一般满意 = 3，比较满意 = 4，非常满意 = 5	+
	管护效果满意度 X14	非常不满意 = 1，比较不满意 = 2，一般满意 = 3，比较满意 = 4，非常满意 = 5	+
	补偿效果满意度 X15	非常不满意 = 1，比较不满意 = 2，一般满意 = 3，比较满意 = 4，非常满意 = 5	+

4. 初始模型构建

根据计划行为理论，农户对一期工程的满意度会通过影响农户行为态度而影响其行为意向，农户的满意度越高，其对于工程的评价越积极，也更有意向参与后续工程的运营，据此，提出假设 H1；而不同年龄、文化程度、土地流转面积、土地净收益变动的农户，由于自身综合素质、家庭经济基础和土地依赖性不同，在平原造林一期工程中获得的收益也存在差别，这也有可能影响到其对于工程的满意，进而对其行为意向产生影响，农户满意度在农户综合素质和行为意向之间、土地依赖性和行为意向之间起中介效应，据此，提出假设 H2 和 H3；根据计划行为理论，反映农户个体社会特征的农户综合素质、家庭经济基础、土地依赖性等潜变量也可能会影响农户对于北京市平原造林工程的评价和对自身控制能力的信念，从而对农户的行为意向产生直接影响，所以提出假设 H4、H5 和 H6。六点假设如下所示：

H1：农户满意度对农户行为意向具有正向影响

H2：农户综合素质对农户满意度有直接影响

H3：农户土地依赖性对农户满意度有直接影响

H4：农户综合素质对农户行为意向有直接影响

H5：农户土地依赖性对农户行为意向有直接影响

H6：农户家庭经济基础对农户行为意向有直接影响

根据理论分析、变量选取和以上六点假设，将反映农户一期工程满意度对农户二期工程行为意向影响机理的初始模型构建如图6-3所示。

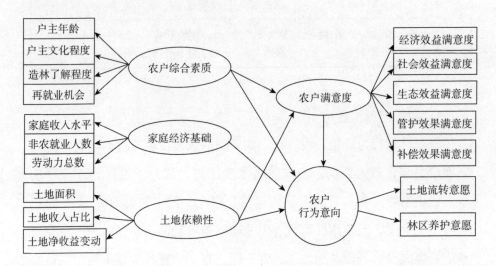

图6-3　农户满意度与行为意向模型

五、模型检验与结果分析

1. 信效度检验

本研究包含17个测量题项，它们分别归为五个构面。本文依次对这五个构面进行信度分析可以得到每个层面对应的Cronbach's Alpha系数（0.799~0.875），这些系数均满足>0.7的判定标准，表明变量具有良好的内部一致性和稳定性（见表6-17）。各个观测变量对应的标

准化因子载荷系数（0.642～0.910）都高于0.4，各个潜变量对应的
AVE 均符合高于0.5的标准，说明 X1～X15、Y1～Y2 等17个观测变
量对户主特征、农户满意度、农户行为意向等五个潜变量的解释性较
好。综上，本文构建的结构方程模型的信效度较好。

表6-17　问卷信效度检验

潜变量	观测变量	标准化因子载荷	信度	CR	AVE
农户综合素质	X1	0.746	0.812	0.813	0.523
	X2	0.791			
	X3	0.704			
	X4	0.642			
家庭经济基础	X5	0.730	0.825	0.838	0.635
	X6	0.737			
	X7	0.910			
土地依赖性	X8	0.869	0.838	0.842	0.641
	X9	0.751			
	X10	0.778			
农户满意度	X11	0.663	0.875	0.877	0.589
	X12	0.739			
	X13	0.862			
	X14	0.758			
	X15	0.803			
行为意向	Y1	0.748	0.799	0.806	0.677
	Y2	0.892			

2. 模型拟合和配适度检验

利用 AMOS 分析软件，验证结构方程的初始模型，得到路径如图
6-4所示。

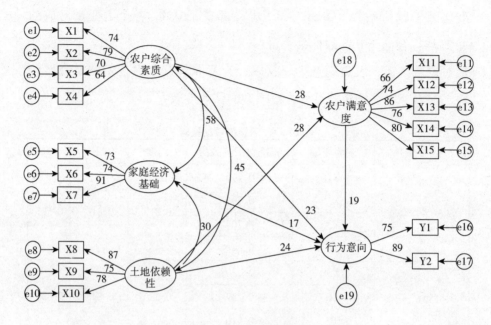

图 6-4 结构方程模型

对 SEM 理论模型的验证分析必然要对模型的配适度做出检验
(Byrne, 2010)。

配适度高则说明模型和样本接近程度高, 常用的评估模型配适度的
指标如表 6-18 所示。

表 6-18 模型的拟合优度指标

指标	DFFF	CMIN	CMIN/DF	GFI	AGFI	CFI	IFI	NFI	NNFI	RMSEA
值	110	199.04	1.809	0.93	0.898	0.96	0.96	0.91	0.95	0.055

由表 6-18 可知, CMIN/DF 为 1.809, 小于 3, GFI = 0.927, TLI =
0.948, IFI = 0.958, CFI = 0.958, NFI = 0.911 也都高于 0.9, RMSEA
为 0.055, 小于 0.08, 这表明大部分拟合指标检验结果都满足 SEM 研

究的标准。但是 AGFI = 0.898，没有达到 0.9 以上的标准，模型没有达到最优效果，因此需要对模型进行修正以此优化提升模型的拟合指标。本书通过在 e4 和 e6 之间增加相关路径对模型进行修正，修正后的结果如图 6 − 5 所示。

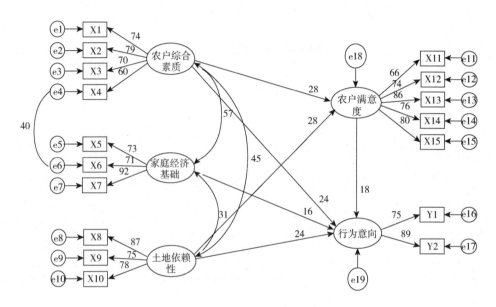

图 6 − 5   修正后的结构方程模型

根据第一次模型适配的验证结果修正和增加路径后，得到了更优的总体拟合效果。由表 6 − 19 可知各配适度指标检验结果都符合标准，具体来说：CMIN/DF 小于 3，GFI、AGFI 等指标也都高于 0.9，RMSEA 小于 0.08，配适度检验的结果表明修正后模型的配适度较高。

表 6 − 19   修正后模型的拟合优度指标

指标	DF	CMIN	CMIN/DF	GFI	AGFI	CFI	IFI	NFI	NNFI	RMSEA
值	109	164.2 2224	1.507	0.94	0.911	0.974	0.974	0.93	0.97	0.044

3. 模型结果解释

如表 6-20 和图 6-5 所示的是结构方程模型所有路径系数的估计结果。本研究重点关注农户对一期平原造林工程的满意度与农户行为意向之间存在的关系，所以首先分析农户满意度对农户行为意向的作用机理，然后再解释其他因素对农户行为意向的影响效果。

表 6-20　结构模型估计结果

路径关系	标准化系数	非标准化系数	标准误 S. E.	C. R.	P	结果
行为意向 <—农户满意度	0.184	0.273	0.108	2.523	0.012	支持
农户满意度 <—农户综合素质	0.281	0.2	0.057	3.507	0.00	支持
农户满意度 <—土地依赖性	0.28	0.202	0.057	3.573	0.00	支持
行为意向 <—农户综合素质	0.243	0.255	0.1	2.561	0.01	支持
行为意向 <—家庭经济基础	0.161	0.167	0.083	2.017	0.044	支持
行为意向 <—土地依赖性	0.241	0.258	0.083	3.106	0.002	支持

（1）农户的满意度对农户行为意向的标准化路径系数为 0.184，说明农户满意度对其行为意向有显著的正向影响，假设 H1 成立。具体来说，"X13 生态效益"对农户满意度的影响程度最大，解释值为 0.86，说明农户越满意造林工程带来的空气净化、防风固沙和景观美化等生态效益时，其参与造林工程土地流转和林区养护的意向越强。"X11 经济效益"对农户满意度的解释值为 0.66，说明当农户因为造林工程的开展获得更多非农就业和产业转型的机会时，他们对于继续参与造林工程，配合土地流转造林的意愿越强烈。"X12 社会效益"对农户满意度的解释值为 0.74，表明农户对工程提供休憩场所、提升居民环保意识功能的完成效果评价越高，工程的游憩休闲体验越好时，农户参与平原

造林工程的意愿越强。"X14 林区管护效果"对农户满意度的解释值为0.76，表明农户认为林区管护队伍在植被管护、卫生清洁和道路设置上的完成度较高时，对管护工作的认同感越强，从而越有意愿加入林区管护队伍。"X15 造林补偿效果"对农户满意度的解释值为0.80，表明补偿形式、补偿分配和补偿程序的科学性较高，越有利于加深农户对平原造林工程土地流转补偿公平性、及时性和可持续性的认同感，从而增强他们参与工程养护和土地流转的行为意向。

（2）农户满意度受到农户综合素质和土地依赖性的显著影响，H2、H3 假设同时成立，说明农户满意度在农户综合素质与农户行为意向、土地依赖性与农户行为意向之间起中介效应。具体来说，农户综合素质对农户满意度的标准化路径系数为0.28，说明农户的综合素质的提升，会提高农户满意度水平，从而带动农户行为意向的增强。农户综合素质中户主年龄、户主文化程度、户主对造林工程了解程度、户主的再就业机会对农户综合素质的解释值分别为0.75、0.79、0.70 和0.60，说明农户户主再就业机会、对造林工程了解程度等个人特征会通过正向作用于农户的满意度而对农户的行为意向产生影响。在农户土地依赖性方面，土地面积、土地收入占比和土地净收益变动土地面积对农户满意度的正向影响程度最大，这表明流转土地面积越大，农户的满意度越高，对平原造林工程的参与行为意向越强。

（3）除了通过农户满意度对农户行为意向产生间接影响外，农户综合素质、农户家庭经济基础、土地依赖性等因素也对农户的行为意向产生直接的影响（见表6-8、图6-4）。在农户综合素质中，户主文化程度越高，对造林养护知识的接受能力越强，因而参与林区养护的意愿越强；户主对平原造林工程的了解程度越高，越能意识到造林工程对于民生改善和绿色发展的价值，继续参与林区养护和二期工程土地流转的意向也就越强。在农户家庭经济基础方面，劳动力总数的解释度较高，说明对于劳动力人数较多的家庭来说，家庭成员的收入来源多样化，耕地承载的"生存保障"职能弱化，农户家庭对土地使用方式转变的接受能力强。在农户土地依赖性方面，土地面积对农户行为意向的影响程度最大，这是因为当劳动力有限时土地面积越大越容易出现闲置，所以农户越倾向于将土地流转获取补偿。

六、小结

本章基于计划行为理论基础，构建了农户平原造林参与行为意向理论模型，并结合农户行为对造林一期、二期工程可能产生的影响，确定了从"继续将土地用于造林"和"参与林区管护"两个方面对农户平原造林工程行为意向进行研究。

通过综合农户行为意向相关文献的研究成果和从调研地农户获取的访谈信息，我们选取了农户对工程社会效益满意度、管护效果满意度和补偿效果满意度等五个指标，旨在研究农户一期造林工程满意度对其行为意向的影响机理。同时，为了模型构建的全面性，也从户主禀赋、家庭特征、土地流转特征等方面选取了可能影响农户行为意向的指标，一同纳入农户行为意向的分析中。然后，通过主成分分析法和结构方程模型方法，分析了农户的满意度与其行为意向的相关关系，研究结果表明：修正后的农户行为意向结构方程模型整体拟合度较好，农户满意度和行为意向之间的关系得到了验证，即农户对一期造林工程的满意度越高，其参与林区养护和二期工程土地流转的行为意向越强。农户满意度具有中介效应，农户综合素质、家庭经济基础、土地依赖性等潜变量除了直接影响农户行为意向外，也会通过影响满意度从而对农户行为意向产生间接的影响。

我们通过本章的研究发现，提升农户行为意向，当以提升农户对现有造林成果的满意度为重点，同时关注农户综合素质和土地依赖性对农户行为意向的影响。通过扩大工程的宣传效果，提升农户对工程的了解程度；通过完善就业培训机制，提高农户综合素质；通过健全土地补偿政策，保障农户收入来源；通过巩固一期工程建设成果，提升农户工程满意度；一系列措施齐头并进，争取在提升农户行为意向方面取得理想的效果。

第七章

结论与建议

第一节　研究结论

本研究在理论和文献分析基础上，通过实地调查和问卷调查，立足民生改善和生态文明理念视角，首先分别建立评估指标体系，利用综合评估方法从平原造林工程的实施效果、农户和生态消费者对平原造林工程的满意度等三个维度进行绩效评估；在此基础上，探讨了异质性农户满意度之间存在的差异性，并对可能影响农户个体对工程满意度的因素进行了分析；另外，以北京市平原造林工程为例，在分析北京市居民对城市造林工程的支付意愿和支付水平的基础上，分析了影响城市居民对城市造林工程支付意愿和支付水平的因素，并从不同个体特征、环保意识等限定条件下研究了影响因素之间的差异性；通过建立农户平原造林行为意向模型，重点关注农户满意度与农户参与林区养护和继续将土地用于造林的行为意向之间存在的关系，并分析了农户综合素质、土地依赖性等潜变量对农户行为意向的影响机制。所涉及的实证方法有描述性统计分析、AHP赋权、模糊综合评价、单因素方差分析、独立样本检验、多元线性回归和分位数回归模型、双栏模型、结构方程模型等。其基本结论如下：

1. 实施效果评估方面

（1）截至 2015 年年底，北京平原造林工程基本完工，实际造林面积超过规划目标。工程完成后明显提高了北京市平原地区的森林覆盖率，增加了北京市森林资源数量、优化了森林分布格局和提升了北京市的生物多样性。此外，工程在生态环境改善、生态经济建设、生态文化与社会发展方面也取得了一定的成效。在生态环境方面，工程促使北京市的资源环境发生良性变化，有效提高了北京市的生态服务功能，明显改善了北京市的生态景观，对提升首都形象，提高居民生活质量发挥了积极作用。在生态经济方面，平原造林工程提高了工程退耕农户和参与养护工作的相关从业人员的收入水平，新增和带动就业人群超过五万个；工程竣工后，部分地区的一、二、三产业发展发生了一定的改变，促进了森林休闲与林下经济等产业的发展。在生态文化和社会发展方面，平原造林工程一定程度上提高了退耕农户的社会保障水平，促进了农户和市民生态环境保护意识的提高，退耕还林区的社会基础设施也得到了一定程度的改善。总体来看，北京平原造林工程对改善民生和推进生态文明进程起到了积极的作用。

（2）评估结果表明，北京市平原造林工程的生态系统服务功能总经济价值为 439.4 亿元。其中，调节气候功能的经济价值为 30.2×10^8 元，占平原造林生态系统服务功能总价值的 6.9%；净化空气价值为 83.26×10^8 亿元，占总价值的 18.9%；固碳释氧价值为 166.5×10^8 亿元，占总价值的 37.9%；降低噪声价值为 113.4×10^8 亿元，占总价值的 25.8%；固土保肥价值为 19.31×10^8 亿元，占总价值的 4.4%；涵养水源价值为 3.23×10^8 亿元，占总价值的 7%；生物多样性的价值为 23.5×10^8 亿元，占总价值的 5.3%。

（3）以生态系统服务各项功能的价值大小为依据，平原造林生态系统的各生态服务功能的重要性由大到小依次为：固碳释氧功能、降低噪声功能、净化空气功能、涵养水源功能、调节气候功能、生态多样性功能和固土保肥功能。

（4）按照平原造林养护4元/平方米的标准，工程结束后，每年的养护资金为28亿元。平原造林工程当前每年可产生不低于439.4亿元的价值（由于社会效益较难量化且具有不稳定性，所以仅采用生态效益的价值）。按照工程投资效益比计算，工程造林总投入与当年的产生的效益比为343.21：439.4＝1：1.28；如果按照工程完工后的每年养护成本进行计算，则工程投入产出比为28：439.4＝1：15.7。平原造林工程具有较好的投入产出比。

（5）北京市平原造林工程效果得分为75.76，达到良好的评估等级。说明平原造林工程总体实施效果良好。一级指标系统的效果得分值中，生态环境贡献水平（38.22）＞生态经济贡献水平（25.28）＞生态文化与社会发展贡献水平（12.26）。但是得分率的对比发现生态经济贡献水平（0.84）＞生态环境贡献水平（0.76）＞生态文化与社会发展贡献水平（0.61）。这说明，北京市在平原造林工程效果评估中，生态环境贡献的价值最被看重，生态经济贡献的价值次之，生态文化与社会发展贡献的价值第三。这跟平原造林工程的建设初衷基本一致。

（6）截至2017年3月，平原造林工程竣工移交面积超过造林总面积的95%，养护队伍总数近500个，养护人员共计2.1万人，其中吸纳当地农民就业人数为1.11万人，超过养护人员总数的60%。养护队伍中管理人员和专业技术人员所占比例为11.82%，工人占88.18%。随着工程竣工移交进程的推进，全市百万亩平原造林工程预计将吸纳超过五万余农民绿岗就业。

2. 农户满意度评估方面

（1）北京市平原造林工程农户满意度指标体系可由经济效益、社会效益、生态效益、补偿效果和管护效果等五个一级指标和 24 个二级指标构成。具体而言，经济效益准则层下包含带动周边产业发展、促进林下经济发展两个二级指标；社会效益准则层下包含提高居民的环保意识、提供休憩场所、配备公共服务设施等四个二级指标；生态效益准则层下包含空气净化、减少噪音、防风固沙等六个二级指标；补偿效果准则层下包含补偿形式、补偿及时性、补偿公平性等九个二级指标；管护效果准则层下包含植被管护效果、环境卫生状况、林区道路设置等三个二级指标。

（2）土地流转农户对一期造林工程的总体满意度值为 71.96，"处于满意"阶段，说明一期工程总体上基本达到了农户的预期。但农户对一期工程各个测评方面的满意度存在明显不同，按照满意度模糊综合得分由大到小排序为管护效果（79.56）＞补偿效果（75.60）＞生态效益（70.82）＞社会效益（56.82）＞经济效益（40.64）。对于工程的生态效益、管护效果和补偿效果，农户的满意状况处于"满意"阶段，这是因为大多数被调查农户认为：林区管护单位科学管护植被、及时清扫垃圾，有效维护了林区景观；工程补偿政策实施前期宣传动员工作到位，实施过程中基本做到了及时性、公平性、透明性和便捷性；对于工程的生态效益，大部分农户认为一期造林工程建起了天然屏障，多种树种搭配组合色彩缤纷，不仅有效地抵御了风沙，也发挥了调节区域气温的作用，为居民夏季乘凉避暑、春秋季节游览观赏提供了空间。对于工程的经济效益和社会效益，直接利益相关者的满意度处于"不满意"阶段。据被调查农户反映，虽然工程营造了丰富的森林景观特色，但是由于缺乏宣传、林区的开发存在限制且林区内缺乏长椅、公厕、运动器材等配套公共设施，所以吸引城市居民前来观光游览的效果并不明显，旅游产业发展现状距离预期目标较远。IPA 分析表明，"社会效益"和"经济效益"是工程管理者应当关注的短板，需要在这两方面加大投入、提高资源利用效率，才能提高农户对一期工程的总体满意度。

（3）不同个人、社会、补偿特征的农户对平原造林工程的满意度存在显著差异，具体来说：在个体特征方面，不同工程了解程度的农户的满意度之间存在显著差异；在社会特征方面，农户满意度在不同职业变动情况、不同家庭收入变动情况下均存在显著差异；在补偿特征方面，农户满意度在不同补偿水平和土地净收益变动情况下存在显著差异。

（4）影响农户个体满意度的因素主要有年龄、造林工程的了解程度、职业变动、家庭收入变动和土地净收益等。农户的年龄越大，其满意度越低；而对工程的了解程度越深、越有机会实现非农再就业、家庭收入和土地净收益的增幅越明显，农户的满意度越高。影响农户个体满意度的因素随着满意度水平的不同而变化，且在不同满意度水平下，影响因素的回归系数存在差异：随着满意度水平的不断提升，家庭收入增长对农户满意度的影响作用不断减弱；而工程了解程度、土地净收益变动的回归系数随着满意度水平的提高而不断上升，工程了解程度的提高和土地净收益的增幅扩大都会对农户满意度水平的提升产生积极的作用，且这种作用会随着农户满意度水平的提高而不断增强。

3. 生态消费者满意度评估方面

（1）平原造林工程生态消费者对于平原造林工程实施总体效果处于基本满意状态，但对不同层面效果满意度存在差异性。

（2）生态消费者对于平原造林工程所带来的效果满意度从高到低依次为：社会效果满意度＞生态效果满意度＞景观美化效果满意度＞经济效果满意度＞管理维护效果满意度。

（3）生态消费者对社会效果和生态效果两个方面的满意度明显高于平均水平，说明平原造林工程带来的社会与生态效果较为明显，居民认可度较高；而景观美化效果满意度次之，说明民众对平原造林工程带来景观美化效果较为认可。

（4）生态消费者对平原造林工程带来经济效果与管理维护效果的满意度都处于较低的水平，特别是后期管理维护效果处于各项工程效果满意度最低水平，说明居民普遍认为平原造林区后期管理维护工作有待加强。

4. 市民支付意愿方面

（1）描述统计结果表明，大多数北京市民认为平原造林工程和类似城市造林工程有改善城市生态环境、美化城市形象的作用。有超过62%的受访市民表示愿意为此提供价格支付，共同参与到平原造林工程的可持续经营与利用过程中，而他们每年支付水平的平均值为778.81元。少数市民因为自身收入较低、对政府以往财政资金运行的效率不满意等原因而不愿意付费。

（2）从影响因素分析结果可以看出，影响北京市民支付意愿的关键因素按贡献大小排序依次为有无留京发展的规划、对平原造林工程的了解程度、对环保问题的重视程度。而影响北京市民支付水平的主要因素包括年龄、收入水平、参与环保活动的积极性、对平原造林工程的了解程度、对环保问题的重视程度和有无留京发展的规划等。

（3）从影响因素差异性分析中可知，不同年龄和收入水平居民的支付水平都受到其对工程了解程度的显著影响，对工程了解程度高的居民支付水平较高；尽管居民对环保问题的重视程度存在差异，但是否有留京发展的规划都是他们在做支付意愿和支付金额决策时主要考虑的因素；对于有留京发展规划的居民来说，收入越多、环保意识越强，他们对城市造林的支付意愿和支付水平越高。

5. 农户行为意向方面

农户的行为意向主要体现在将土地继续用于二期工程造林、参与已建成林区养护队伍两个方面。农户的满意度与其行为意向之间的路径系数为0.184，说明可以通过提升农户的满意度来提高农户的行为意向。而在农户满意度的各个观测变量中，经济效益满意度、社会效益满意度、生态效益满意度、管护效果满意度和补偿效果满意度的因子载荷系数为0.66、0.74、0.86、0.76和0.80，其中，生态效益满意度对农户满意度的影响最大，说明生态效益满意度的提升是对于增强农户行为意向和增加农户满意度的关键。此外，农户满意度在农户综合素质与农户行为意向、土地依赖性与农户行为意向之间发挥中介效应，即农户综合素质和土地依赖性会影响农户的满意度，进而对农户行为意向产生影响。同时，农户综合素质、家庭经济基础、土地依赖性等潜变量也对农户行为意向有正向的驱动作用，增加农户再就业机会、提升农户对工程的了解程度、发展相关产业带动农户增收、适度提高补偿标准等方式都有助于提升农户的行为意向。

第二节　建议

依据上述基本结论，结合平原造林工程实际管理现状和今后的发展方向，研究从四个方面提出发展建议。

1. 工程养护管理方面

（1）继续加强对养护工作的跟踪和服务

平原造林工程只是停止了大规模造林活动，养护工作仍然需要继续跟进。在养护过程中，应继续加强对养护队伍的技能培训和养护工作的监督管理。在养护过程中，可采取差异化养护方式，对近城郊地区采取常规养护方式，使之成为城市林业的重要组成部分，对偏远城郊地区可采取近自然林养护，使之渐渐成为独立的森林体系。

（2）提高平原造林工程中造林及养护资金的运行效率

通过完善内部财务运作体制，增强财政透明程度，保证造林工程支付的资金专款专用。此外，开放社会渠道的监督，定期公开城市造林工程各项成本开支。通过以上方式提高民众的信任感，减少其对生态支付资金无法得到有效利用的担忧。

2. 森林可持续经营和利用方面

（1）重视林地多功能价值开发，合理规划后期利用方式

在养护过程中，要充分考虑平原造林用地的多功能使用价值开发，科学合理地规划后期林地的使用途径和开发强度，有计划、有组织、有秩序地进行生态旅游、休闲观光、乡村旅游等服务产业，充分发挥平原造林工程的社会效益和经济开发潜力。

（2）培育近自然林，营造可持续的生态环境系统

平原造林工程范围广、地段复杂，部分大片林区完全有培养成近自然林的潜力。待林地充分成林后，完全可以采取放任的方式进行近自然林培育，使之慢慢成为具有独立生态系统功能的城郊森林。

3. 民生改善方面

（1）完善配套设施，提供休憩乐园

加大林区配套公共设施的投入，响应休闲市场的需求，为林区附近居民提供休闲场所，丰富他们的精神生活，同时也吸引城市居民前来游玩，为当地第三产业发展创造契机。在抓好当地经济发展的同时，强化政府的引导监督作用，科学规划林区的后续建设，因地制宜发展森林旅游，建设以观赏森林植物、挖掘植物文化内涵为主题的各类森林美景游憩胜地，为城镇居民提供风光摄影、郊游采摘的新去处，带动当地住宿、餐饮、交通等旅游产业协同发展。

（2）加大技能培训，促进农户就业

　　林区的建设需要配套后续科学的管护，培养一支高效的护林队伍有利于森林的可持续经营与利用。合理利用农村空闲劳动力，鼓励农户以家庭为单位，承包一定面积林区的管护工作；根据农户的文化程度和健康状况，确定岗前培训的内容和管护任务的分配，增加农户收入来源；多方提供就业渠道和就业信息，定期组织管护培训，提升农户的养护技能，完善就业服务体系；出台相关政策鼓励平原造林配套服务产业发展，扩大工程的经济效益，提升当地农户参与生态旅游服务业的热情，将特色森林景观营造与促进农户增收相结合；加强对林区管护人员劳动权益的保障，对拖欠农民工资、不配备必要劳动保护设备的企业重点查处，以此培养出高效专业的护林队伍，巩固林区管护成果。

　　（3）加强资金监管，提高补偿效果

　　根据市场环境的变化，及时了解农户诉求，适当增加补偿标准，同时加强对土地流转、地上物补偿等资金发放程序的监管，保证农户的合法收益，推动平原造林二期工程顺利开展。

　　（4）促进经济协调稳步发展，提高市民收入水平

　　促进经济的稳定发展不仅有利于增强政府的财政实力，而且有利于提升城市居民的收入水平和支付能力，从而提高居民对城市造林工程的支付意愿和支付水平，调动更多的民间资金支持城市造林工程的顺利实施。

　　4. 社会参与方面

　　（1）增强宣传力度，深化民众认知

　　政府应当增强对工程的宣传力度，除了利用报纸、电视等传统媒介，还可以利用社交网络等新媒体，大力弘扬城市造林工程改善生态环境、美化城市形象的作用，提高民众的环保意识和对工程的了解程度，进而提升居民自发自愿支持及参与城市造林工程的积极性和支付意愿。政府也可通过联合民间绿化协会，定期组织林区养护志愿者活动，提高

北京民众包括农户对城市造林工程的认知度。这样不仅有利于鼓励林区周边居民自发护林，也有助于增强对建设美丽首都的认同感。在后期养护过程中，可以有计划地开展环境教育、植树科普、养护宣传等环保知识的教育与培训，作为中小学生的环境教育基地。

（2）增加市民参与环保工作的机会，增强市民对于城市造林工程的理解和支持

城市造林部门可以通过与各种环保公益机构合作，入驻造林重点区域周边小区宣传环保活动，开展环保工作志愿者计划，让更多的居民有机会体验环保工作，促进他们在平原造林工程和类似城市造林工程的实际建设和维护中发挥积极的作用。

（3）鼓励社会资本参与城市林业的维护工作

设立社会资本参与城市造林工程养护维护的专项计划。成立林业生态保护的社会资金捐赠管理部门，多渠道鼓励具有支付意愿和支付能力的市民、组织、团体参与城市造林的捐赠环节。采取专项资金的专项利用机制，形成"政府—市民—社会团体"共同保护城市生态林业的利益共同体，达到缓解政府的财政支付负担、提高社会参与城市造林工程保护水平、实现城市生态健康发展的良性循环的目的。

综上所述，后续工程项目及管理应立足优化水源质量、改善林带灌溉设施、强化水源地林业生态建设等措施，实现"以林养水、林水共生"，同时应优化土地资源利用、合理规划空间布局、注重植被结构科学搭配，以及强化公共基础设施配套建设，从而从各个方面打造特色各异的优势景观带，形成造林工程与生态休闲观光、有机食品、餐饮服务、园艺博览、文化体育、房地产等相关产业的互融互补，实现项目实施区域经济与生态协调发展，居民生活质量大幅提升及首都整体生态环境改善的目标。

参考文献

[1] 张建国. 森林的自然历史地位 [J]. 农业经济问题, 1980 (03): 14-15.

[2] 廖士义, 李周, 徐智. 论林价的经济实质和人工林林价计量模型 [J]. 林业科学, 1983 (02): 181-190.

[3] 李周, 徐智. 森林社会效益计量研究综述 [J]. 北京林学院学报, 1984 (04): 61-70.

[4] 高兆蔚, 王文斌, 李宝银, 王题瑛, 郑广源. 建立地方森林资源监测体系的方法 [J]. 华东森林经理, 1992 (04): 1-5.

[5] 张建国, 杨建洲. 福建森林综合效益计量与评价 (续完) [J]. 生态经济, 1994 (06): 10-16.

[6] 苑金玲, 周学安. 水源涵养林效益计量指标体系研究 [J]. 沈阳农业大学学报, 1998 (02): 56-61.

[7] 薛达元, 包浩生, 李文华. 长白山自然保护区森林生态系统间接经济价值评估 [J]. 中国环境科学, 1999 (03): 247-252.

[8] 欧阳志云, 王如松, 赵景柱. 生态系统服务功能及其生态经济价值评价 [J]. 应用生态学报, 1999 (05): 635-640.

[9] 尤建新, 王艳. 企业应建立顾客抱怨管理体系 [J]. 轻工标准与质量, 2001 (02): 15-17.

［10］赵同谦，欧阳志云，郑华，王效科，苗鸿．草地生态系统服务功能分析及其评价指标体系［J］．生态学杂志，2004（06）：155－160.

［11］吴建南，庄秋爽．测量公众心中的绩效：顾客满意度指数在公共部门的分析应用［J］．管理评论，2005（05）：53－57.

［12］李长胜，冯仲科．多种森林生态效益计量［J］．北京林业大学学报，2005（S2）：102－104.

［13］何精华，岳海鹰，杨瑞梅，董颖瑶，李婷．农村公共服务满意度及其差距的实证分析——以长江三角洲为案例［J］．中国行政管理，2006（05）：91－95.

［14］盛明科，刘贵忠．政府服务的公众满意度测评模型与方法研究［J］．湖南社会科学，2006（06）：36－40.

［15］周谦，钟胜，李倩．以医疗行业顾客满意度研究为基础的医师工作满意度调查［J］．中国卫生质量管理，2007（03）：23－26.

［16］叶继红．失地农民就业的类型、路径与政府引导——以南京市为例［J］．经济经纬，2007（05）：115－117.

［17］何尤刚，孔凡斌．天然林保护工程绩效评价：现状、问题与研究展望［J］．生态经济，2008（02）：147－150.

［18］孔进．我国政府公共文化服务提供能力研究［J］．山东社会科学，2010（03）：122－128.

［19］武春友，刘岩．城市再生资源利益相关者满意度评价模型及实证［J］．中国人口·资源与环境，2010，20（03）：117－123.

［20］刘敏，邓益成，何静，刘玉娥．农民信息需求现状及对策研究——以湖南省农民信息需求现状调查为例［J］．图书馆杂志，2011，30（05）：44－48＋62.

［21］杨静怡，杨军，马履一，贾忠奎．中国城市绿化评价系统比

较分析 [J]. 城市环境与城市生态, 2011, 24 (04): 13-16.

[22] 王成. 北京平原区造林增绿的战略思考 [J]. 中国城市林业, 2012, 10 (01): 7-11.

[23] 陈占锋. 我国城镇化进程中失地农民生活满意度研究 [J]. 国家行政学院学报, 2013 (01): 55-62.

[24] 焦宏. 北京百万亩造林工程的可持续发展之路——兼谈林下经济的发展与规划引导 [J]. 林业经济, 2013 (03): 26-27+51.

[25] 赵静, 李傲, 赵正, 温亚利. 集体林权制度改革满意度评价研究——基于利益相关者视角 [J]. 经济与管理研究, 2014 (03): 16-25.

[26] 乔永强, 王金增, 李静. 北京平原造林工程实施成效总结与反思——以大兴区青云店平原造林工程为例 [J]. 林业经济, 2014, 36 (04): 17-19+58.

[27] 赵丹. 县域义务教育均衡发展: 公众满意度评价及问题透视——基于西北五县的实证调查 [J]. 华中师范大学学报 (人文社会科学版), 2014, 53 (04): 147-154.

[28] 梁昌勇, 代翚, 朱龙. 基于 SEM 的公共服务公众满意度测评模型研究 [J]. 华东经济管理, 2015, 29 (02): 123-129.

[29] 冯雪, 马履一, 蔡宝军, 段劼, 贾黎明, 贾忠奎, 王金增. 北京平原百万亩造林工程建设效果评价研究 [J]. 西北林学院学报, 2016, 31 (01): 136-144.

[30] 乔蕨强, 陈英. 基于结构方程模型的征地补偿农户满意度影响因素研究 [J]. 干旱区资源与环境, 2016, 30 (01): 25-30.

[31] 林大影. 北京百万亩平原造林管护工作的几点思考 [J]. 绿化与生活, 2016 (01): 21-24.

[32] 聂永国. 延庆县平原造林工程实施成效的总结与反思 [J].

现代园艺, 2016 (05): 136-138.

[33] 田石磊, 廖超英, 王小翠, 甄丽莎. 蓝田县森林生态系统服务价值的评价 [J]. 西北农林科技大学学报 (自然科学版), 2009, 37 (05): 133-138.

[34] 彭建, 王仰麟, 陈燕飞, 李卫锋, 蒋依依. 城市生态系统服务功能价值评估初探——以深圳市为例 [J]. 北京大学学报 (自然科学版), 2005 (04): 594-604.

[35] 余新晓, 鲁绍伟, 靳芳. 中国森林生态系统服务功能价值评估 [J]. 生态学报, 2005, (8): 2096-2102.

[36] 张建国. 森林生态经济问题研究 [M]. 北京: 中国林业出版社, 1986.

[37] 张颖. 中国森林生物多样性价值核算研究 [J]. 林业经济, 2001, (3): 37-42.

[38] 刘勇. 中国林业生态工程评价理论与应用研究 [D]. 北京林业大学, 2006.

[39] 李文华, 张彪, 谢高地. 国内生态系统服务研究的回顾与展望 [J]. 自然资源学报, 2009, (1): 1-10.

[40] 忠魁, 周冰冰. 北京市森林资源价值初报 [J]. 林业经济, 2001 (2): 36-42.

[41] 米锋, 李吉跃, 杨家伟. 森林生态效益评价的研究进展 [J]. 北京林业大学学报, 2003, 25 (6): 77-83.

[42] 余新晓, 秦永胜, 陈丽华, 等. 北京山地森林生态系统服务功能及其价值初步研究 [J]. 生态学报, 2002, 22 (5): 783-786.

[43] 康文星. 森林生态系统服务功能价值评估方法研究综述 [J]. 中南林学院学报, 2005, 25 (6): 128-145.

[44] 唐秀美, 潘瑜春, 高秉博, 郜允兵. 北京市平原造林生态系

统服务价值评估 [J]. 北京大学学报（自然科学版），2016，52（02）：274-278.

[45] 贾宝全，仇宽彪. 北京市平原百万亩大造林工程降温效应及其价值的遥感分析 [J]. 生态学报，2017，37（03）：726-735.

[46] 王金龙，杨伶，张大红，邵权熙. 京冀合作造林工程效益立方体评估模型 [J]. 林业科学，2016，52（10）：125-133.

[47] 刘自然，范宇辰. 基于模糊综合评价法的城市游憩用地满意度调查 [J]. 山东农业大学学报（自然科学版），2017，48（03）：396-399.

[48] 倪维秋. 生态系统服务评估方法研究进展 [J]. 农村经济与科技，2017，28（23）：51-53.

[49] 田国双，邹玉友，刘畅. 国有林区职工对林业补贴政策实施满意度及其影响因素实证分析 [J]. 干旱区资源与环境，2018，32（04）：26-30.

[50] 朱丽君，渠丽萍，陈文昕，袁昕怡，刘畅，胡伟艳. 征地补偿农户满意度影响因素及提升路径——以武汉市江夏区为例 [J]. 资源科学，2018，40（02）：299-309.

[51] 马欣欣. 浅谈可持续发展战略下的大尺度园林景观规划——以北京市平原地区百万亩造林工程为例 [J]. 北京园林，2015，31（03）：19-22.

[52] 武靖，曹冬杰，李鹏飞，任鹏. 北京平原造林工程沙坑治理项目实施的经验与思考——以怀柔区平原造林工程潮白河沙坑治理项目为例 [J]. 绿化与生活，2015（06）：13-18.

[53] 周璐. 国民旅游休闲时代的城市森林游憩开发 [J]. 市场论坛，2014（11）：80-82.

[54] 张连刚，支玲，张静，谢彦明. 林业专业合作组织满意度的

多层次模糊综合评价 [J]. 林业科学, 2014, 50 (08): 154-161.

[55] 乔永强, 王金增, 李静. 北京平原造林工程实施成效总结与反思——以大兴区青云店平原造林工程为例 [J]. 林业经济, 2014, 36 (04): 17-19+58.

[56] 胡雁娟, 段建南, 袁哲伟, 胡彩婷. 基于洛伦茨曲线和基尼系数的长株潭城市群土地利用结构分析 [J]. 湖北农业科学, 2013, 52 (08): 1792-1795.

[57] 谭术魁, 肖建英. 农民征地补偿满意度实证研究 [J]. 中国房地产, 2012 (02): 56-63.

[58] 国政, 聂华, 臧润国, 张云杰. 西南地区天然林保护工程生态效益评价 [J]. 内蒙古农业大学学报 (自然科学版), 2011, 32 (02): 65-72.

[59] 薛艳杰. 上海城市绿化评价指标体系构建探讨 [J]. 现代城市研究, 2010, 25 (03): 47-50+90.

[60] 樊丽明, 骆永民. 农民对农村基础设施满意度的影响因素分析——基于670份调查问卷的结构方程模型分析 [J]. 农业经济问题, 2009, 30 (09): 51-59+111.

[61] 王心良. 基于农民满意度的征地补偿研究——以浙江省为例 [D]. 浙江大学, 2011.

[62] 叶继红. 南京城郊失地农民生活满意度调查与思考 [J]. 江苏广播电视大学学报, 2007 (02): 70-73.

[63] 盛明科, 刘贵忠. 政府服务的公众满意度测评模型与方法研究 [J]. 湖南社会科学, 2006 (06): 36-40.

[64] 宋子斌, 安应民, 郑佩. 旅游目的地形象之 IPA 分析——以西安居民对海南旅游目的地形象感知为例 [J]. 旅游学刊, 2006 (10): 26-32.

[65] 黄秀娟. IPA 分析与福建省入境旅游市场开发 [J]. 福建师范大学学报 (哲学社会科学版), 2006 (05): 18 - 22 + 57.

[66] 周翼虎, 程久苗, 费罗成, 徐玉婷. 农村居民点整理中农户意愿影响因素识别与空间差异比较——以芜湖市近郊和远郊为例 [J]. 江苏农业科学, 2016, 44 (09): 554 - 558.

[67] 杜培华, 欧名豪. 农户土地流转行为影响因素的实证研究——以江苏省为例 [J]. 国土资源科技管理, 2008 (01): 53 - 56.

[68] 曹先磊, 刘高慧, 张颖, 李秀山. 城市生态系统休闲娱乐服务支付意愿及价值评估——以成都市温江区为例 [J]. 生态学报, 2017, 37 (09): 2970 - 2981.

[69] 李国志. 城镇居民公益林生态补偿支付意愿的影响因素研究 [J]. 干旱区资源与环境, 2016, 30 (11): 98 - 102.

[70] 史恒通, 赵敏娟. 生态系统服务支付意愿及其影响因素分析——以陕西省渭河流域为例 [J]. 软科学, 2015, 29 (06): 115 - 119.

[71] 魏同洋, 靳乐山, 靳宗振, 黄谦. 北京城区居民大气质量改善支付意愿分析 [J]. 城市问题, 2015 (01): 75 - 81.

[72] 何可, 张俊飚, 田云. 农业废弃物资源化生态补偿支付意愿的影响因素及其差异性分析——基于湖北省农户调查的实证研究 [J]. 资源科学, 2013, 35 (03): 627 - 637.

[73] 于文金, 谢剑, 邹欣庆. 基于 CVM 的太湖湿地生态功能恢复居民支付能力与支付意愿相关研究 [J]. 生态学报, 2011, 31 (23): 286 - 293.

[74] 靳乐山, 郭建卿. 农村居民对环境保护的认知程度及支付意愿研究——以纳板河自然保护区居民为例 [J]. 资源科学, 2011, 33 (01): 50 - 55.

[75] 郑海霞, 张陆彪, 涂勤. 金华江流域生态服务补偿支付意愿及其影响因素分析 [J]. 资源科学, 2010, 32 (04): 761-767.

[76] 杨宝路, 邹骥. 北京市环境质量改善的居民支付意愿研究 [J]. 中国环境科学, 2009, 29 (11): 1209-1214.

[77] 蔡春光, 郑晓瑛. 北京市空气污染健康损失的支付意愿研究 [J]. 经济科学, 2007 (01): 107-115.

[78] 陆贵巧. 大连城市森林生态效益评价及动态仿真研究 [D]. 北京林业大学, 2006.

[79] 邢星. 广州市城市森林生态效益评价 [D]. 北京林业大学, 2006.

[80] 郗晓媚. 乡镇政府基本公共服务的公众满意度评价研究 [D]. 云南大学, 2016.

[81] 钱璐璐. 基于结构方程模型的宜居城市满意度影响因素实证研究 [D]. 重庆大学, 2010.

[82] 陈伟. 失地农民生活满意度的测度及影响因素研究 [D]. 福建师范大学, 2015.

[83] 刘娟, 黄惠, 郝冉. 北京市公共服务满意度指数调查研究 [J]. 首都经济贸易大学学报, 2007 (05): 77-85.

[84] 刘燕, 陈英武, 周长峰. 电子政务公众服务与公众满意度测评研究 [J]. 经济研究导刊, 2009 (07).

[85] 朱国荣, 李斌. 林业企业绩效评价指标体系构建探讨——基于利益相关者理论的分析 [J]. 林业经济, 2011 (05).

[86] 姚顺波, 聂强. 林业生态工程绩效评价与管理创新研究述评 [J]. 林业经济, 2016 (12).

[87] 张文秀. 农户土地流转行为的影响因素分析 [J]. 重庆大学学报 (社会科学版), 2005 (1), 14-17.

[88] 宋辉, 钟涨宝. 基于农户行为的农地流转实证研究——以湖北省襄阳市 312 户农户为例 [J]. 资源科学, 2013, 35 (05): 943-949.

[89] 石康桥. 福建省集体林权制度改革后农户林地流转行为研究 [D]. 福建农林大学, 2015.

[90] 程建, 程久苗, 费罗成, 徐玉婷, 周翼虎. 农地流转农户心理决策模型研究 [J]. 资源科学, 2017, 39 (05): 818-826.

[91] 胡晓光, 刘天军. 农户参与小型农田水利设施管护意愿的影响因素——基于河南省南阳市的实证研究 [J]. 江苏农业科学, 2013, 41 (04): 377-380.

[92] 黄海鹏. 我国土地承包经营权流转市场研究 [D]. 中国政法大学, 2010.

[93] 刘洋, 邱道持. 农地流转农户意愿及其影响因素分析 [J]. 农机化研究, 2011, 33 (07): 1-6.

[94] 汪文雄, 杨钢桥, 李进涛. 农户参与农地整理项目后期管护意愿的影响因素研究 [J]. 中国土地科学, 2010, 24 (03): 42-47.

[95] 赵建欣, 张忠根. 基于计划行为理论的农户安全农产品供给机理探析 [J]. 财贸研究, 2007 (06): 40-45.

[96] 吴九兴, 杨钢桥. 农地整理项目农户参与现状及其原因分析——基于湖北省部分县区的问卷调查 [J]. 华中农业大学学报 (社会科学版), 2013 (01): 65-71.

[97] 刘克春, 林坚. 农村已婚妇女失地与农地流转——基于江西省农户调查的实证研究 [J]. 中国农村经济, 2005 (09): 48-55.

[98] 金松青, Klaus Deininger. 中国农村土地租赁市场的发展及其在土地使用公平性和效率性上的含义 [J]. 经济学 (季刊), 2004 (03): 1003-1028.

[99] 田传浩, 贾生华. 农地制度、地权稳定性与农地使用权市场发

育：理论与来自苏浙鲁的经验 [J]. 经济研究, 2004 (01)：112 – 119.

[100] 杨明洪. 退耕还林还草工程实施中经济利益补偿的博弈分析 [J]. 云南社会科学, 2004 (06)：64 –68.

[101] 温仲明, 王飞, 李锐. 黄土丘陵区退耕还林（草）农户认知调查——以安塞县为例 [J]. 水土保持通报, 2003 (03)：32 – 35 +41.

[102] 柯水发, 赵铁珍. 农户参与退耕还林意愿影响因素实证分析 [J]. 中国土地科学, 2008 (07)：27 – 33.

[103] 刘勇. 甘肃省典型地区农户土地流转行为与意愿研究 [D]. 甘肃农业大学, 2010.

[104] 焦玉良. 鲁中传统农业区农户土地流转意愿的实证研究 [J]. 山东农业大学学报（社会科学版), 2005 (01)：82 – 86 +120.

[105] 刘馨蔚. 北京市公益林管护绩效及农户参与意愿研究 [D]. 北京林业大学, 2012.

[106] 王谦, 王军强. 国有林区开展群众管护经营改革的探索——青海省试点调研 [J]. 林业经济, 2010 (04)：64 –68.

[107] 杨莉菲, 温亚利, 张媛. 林农意愿对生态公益林管护效率和机制的影响分析——以北京市山区县为例 [J]. 资源科学, 2013, 35 (05)：1066 – 1074.

[108] 卢韶婧, 张捷, 张宏磊, 章锦河, 柯立. 旅游地映象、游客满意度及行为意向关系研究——以桂林七星公园为例 [J]. 人文地理, 2011, 26 (04)：121 – 126.

[109] 李群, 杨东涛, 卢锐. 指导关系对新生代农户工离职意向的影响——工作满意度的中介效应 [J]. 经济地理, 2015, 35 (06)：168 – 174.

[110] 方良泽. 古田县社区营造村民参与意愿研究 [D]. 福建农林大学, 2017.

[111] Hoppe. E. Ergfolg and Misserfolg [J]. Psicologische Forschung, 2008, 19 (30): 1 – 62.

[112] Cardozo RN (1965) An experimental study of customer effort, expectation and Satisfaction [J]. Journal of Marketing Research 2: 244 – 249.

[113] Ryzin, G. G. V., Muzzio M, etal. Drivers and consequences of citizen satisfaction: an application of the ACSI model to New York City [J]. Public Administration Review, 2004, 64 (3): 331 – 341 PHam.

[114] FISHBEINM, AJZENI. 1975. Belief, attitude, intention, and behavior: an introduction to theory and research [M]. Reading MA: Addison – Wesley: 265 – 271.

[115] Cronin J J, Taylor S A. Measuring service quality: A reexamination and Extension [J]. Journal of Marketing, 1992, 56 (1): 55 – 68.

[116] Oliver R L. A cognitive model of the antecedents and consequences of satisfaction decisions [J]. Journal of Marketing Research, 1980, 17 (4): 460 – 469.

[117] PJ Danaher, J Mattsson. Customer Satisfaction during the Service Delivery Process [J]. European Journal of Marketing, 1994, 28 (5): 5 – 16.

[118] Grace T. R. Lin. Factors influencing satisfaction and loyalty in on-line shopping: an integrated model [J]. Online Information Review, 2009, 33 (3): 458 – 475

[119] Hecken G V, Bastiaensen J, et al. The viability of local payments for watershed Services Emipirical evidence from Matiguas, Nicaragua [J]. Ecological Economics, 2012 (74): 169 – 176.

[120] Shan Ma, Scott M. Swinton. Farmers Willingness to Participate in

Payment for Environmental Services Programmes [J]. Journal of Agricultural Economics, 2012, 63 (3): 604 – 626.

[121] Atmis. E, Ozden. S, Lise . W: 《Urbanization pressure on the natural forests in Turkey: An overview》 [J]. Urban Forestry & Urban Greening, 2007, 5: 35 – 44.

[122] André O. Laplume, Karan Sonpar, Reginald A. Litz. Stakeholder Theory: Reviewing a Theory That Moves Us [J]. Journal of Management, 2008, 6 (34), 1152 – 1189.

[123] Anna M. O' Brien, Ailene K. Ettinger, Janneke HilleRisLambers. Conifer growth and reproduction in urban forest fragments: Predictors of future responses to global change? [J]. Urban Ecosyst, 2012, (15): 879 – 891.

[124] Cynnamon Dobbsa, Francisco J. E, Wayne C. Z.. A framework for developing urban forest ecosystem services and goods indicators [J]. Landscape & Urban Planning, 2011, 99 (34): 196 – 206.

[125] Freeman, R. E, & Evan. W. M. Corporate Gov – ernance : A Stakeholder Interpretation [J]. Journal of Behavioral Economies. 1990.

[126] Mark J. A brief history of urban forestry in the United States [J]. Arboriculture, 1996, (3): 257 – 275.

[127] Mark J. The development of urban forestry in Britain [J]. Arboriculture, 1997, (4): 317 – 330.

[128] Neugarten B L, Havighurst R J, Tobin S S. The measurement of life satisfaction [J]. Journal of gerontology, 1961.

[129] Nina Tomaz evic, Janko Seljak and Aleksander Aristovnik. Factors influencing employee satisfaction in the police service: the case of Slovenia [J]. Personnel Review, 2014, 2 (43): 101 – 111.

［130］Robert W Miller. Urban forestry education ［J］. Journal of Forestry, 1994: 26 - 27.

［131］Sena Crutchley, MA & Michael Campbell. etc. Tele Speech Therapy Pilot Project Stakeholder Satisfaction ［J］. International Journal of Teler ehabilitation, 2010, （2）: 23 - 31.

［132］Saba Khorasani Moghadam, Seyyed Abbas Yazdanfar, Seyyed Bagher Hosseini. Investigation about the Factors of Life Quality Affecting Resident's Satisfaction inInformal Settlements ［J］. Human Geography Research Quarterly, 2015, 1 （47）: 34 - 49.

［133］Shibashish Chakraborty, Kalyan Sengupta. Structural equation modelling determinants of customer satisfaction of mobile network providers: Case of Kolkata, India ［J］. IIMB Management Review, 2014, 26: 234 - 248.

［134］Bergevoet RHM, Ondersteign CJM, Saatkamphw, etal. 2004. Entrepreurial behaviour of dutch dairy farmers under a milk quota system: goals, objectives and attitudes ［J］. Agricultural Systems （80）.

［135］Fishbeinm, Ajzeni. 1975. Belief, attitude, intention, and behavior: an introduction to theory and research ［M］. Reading MA: Addison - Wesley: 265 - 271.

［136］Ajzeni, 2001. Perceived behavioral control, self - efficacy, locus of control, and the theory of planned behavior ［J］. Journal of Applied Social Psychology （32）.

［137］Richards Williams. Performance Management ［M］. London: internationg thomson Business Press, 1998.

［138］Katzell Me. Productivity - the Measure and Myth ［M］. Amaeom. USA: NY, 1995.

[139] Boulding W, Kalra A, Staelin R, et al. A dynamic process model of service quality: From expectations to behavioral intentions [J]. Journal of Marketing Research, 1993, 30 (1): 7 - 27.

[140] Chon K. The role of destination image in tourism: a review and discussion [J]. The Tourist Review, 1991, 45 (2): 2 - 9.

[141] Kozak M. Repeaters behavior at two distinct destinations [J]. Annals of Tourism Research, 2001, 28 (3): 784 - 807.

[142] Lee S Y, Petrick J F, Crompton J. The roles of quality and intermediary constructs in determining festival attendees' behavioral intention [J]. Journal of Travel Research, 2007, 45 (4): 402 - 412.

[143] Bigńe J E, Sánchez M I, Sánchez J. Tourism image, evaluation variables and after purchase behaviour: Inter - relationship [J]. Tourism Management, 2001, 22 (2): 607 - 616.

[144] Cole S T, Illum S F. Examining the mediating role of festival visitors' satisfaction in the relationship between service quality and behavioral intentions [J]. Journal of Vacation Marketing, 2006, 12 (2): 160 - 173.

北京市平原造林农户满意度调查问卷

调查日期：＿＿＿＿＿＿＿；调查员：＿＿＿＿＿＿＿；调查地点：（　　）区（　　）乡；问卷编号：＿＿＿＿＿＿＿

尊敬的先生、女士：

　　您好！

　　我们是北京林业大学课题组，为了从利益相关者的视角了解北京市平原造林工程的开展情况，我们在全市范围内进行此项问卷调查。您的意见将对我们的研究产生重大的影响。希望您能百忙之中抽出时间如实填写问卷，支持我们的调查研究。本次问卷实行严格的保密制度，不会泄露您的个人信息，结果仅供课题研究所用。真诚谢谢您的合作！

北京林业大学课题组

2016 年 12 月

第一部分：过滤问卷

请问您家土地参与平原造林工程了吗？A. 是（转下一问） B. 否（转下一问）

请问您从事林区管护工作吗？A. 是 B. 否（停止访问）

第二部分：被调查人基本情况

1、个人基本信息

性别	A. 男；B. 女
文化程度	A. 小学以下； B. 小学； C. 初中； D. 高中或中专； E. 大专及以上
宗教信仰	A. 无；B. 有；（ ）教
您认为环保问题是否重要？	A. 重要；B. 一般；C. 不重要
您是否愿意退耕还林？	A. 不愿意；B. 愿意
您对工程的了解程度如何？	A. 不了解；B. 一般；C. 很了解
您认为工程改善生态环境的效果是否显著？	A. 很显著；B. 一般；C. 不显著

2、家庭基本信息

（1）家庭收入情况

代号	性别	年龄	与户主关系	党员	村干部	造林前职业	造林后职业	工作地点	年收入（元）
1	男　女			是　否	是　否				
2	男　女			是　否	是　否				
3	男　女			是　否	是　否				
4	男　女			是　否	是　否				
5	男　女			是　否	是　否				
6	男　女			是　否	是　否				

与户主关系：1 = 户主本人；2 = 配偶；3 = 子女；4 = 父母；5 = 孙子孙女；6 = 祖父祖母

职业：1 = 农民；2 = 行政机关/事业单位；3 = 企业白领；4 = 专业人士（教师/医生等 5 = 自由职业者（作家/艺术家/摄影师/导游）；6 = 小商贩/个体户；

7 = 自己创业；8 = 学生；9 = 其他（无业/失业）

工作地点：1 = 本乡；2 = 本区其他乡；3 = 北京市其他区；4 = 其他省市；5 = 国外。

（2）家庭每年各项开支（单位：元）

食物、水电等日常开支	
医疗开支	
教育开支	
社会交际开支	
合计	

3、土地流转补偿情况

（1）工程实施前，您家土地总面积？＿＿＿＿＿＿＿亩。

（2）工程实施前，您家土地的主要用途？A. 耕作 B. 荒置 C. 出租 D. 其他＿＿＿＿＿＿。

（3）土地耕作的具体作物＿＿＿＿＿＿；亩产量 ＿＿＿＿＿＿；价格＿＿＿＿＿＿。

（4）平原造林工程中，您家流转的土地面积？＿＿＿＿＿＿亩。

（5）每年每亩占用耕地的补偿标准：＿＿＿＿＿＿元。

（6）每年每亩被占用耕地实际到手的补偿金额：＿＿＿＿＿＿元。

（7）您是哪一年参与造林工程土地流转？＿＿＿＿＿＿。

（8）您为何参与造林土地流转？

A. 流转能增加收入 B. 从众

C. 服从政府规划 D. 土地抛荒闲置浪费

（9）土地流转前家庭年平均收入＿＿＿＿＿＿；土地流转后家庭年平均收入＿＿＿＿＿＿。

A.1 万元以下 B.1 万~2 万元

C.2 万~3 万元 D.3 万~5 万元 E.5 万以上

（10）您觉得流转前后家庭收入水平有什么变化？A. 增加 B. 持平 C. 降低

4、林区管护情况

（1）是否愿意参与养护？A. 愿意 B. 不愿意

（2）为什么愿意参与养护？（多选）

A. 增加收入 B. 有空余时间

C. 锻炼身体 D. 其他＿＿＿＿＿＿

（3）为什么不愿意参与养护？

A. 养护工资低　　　　　　　B. 养护工作辛苦

C. 没有时间　　　　　　　　D. 体力不足

E. 其他_____

（3）是否有种树的经验？ A. 有　　　B. 无

（4）您是通过什么渠道得知管护岗位信息？

A. 大队公告栏　　　　　　　B. 村里广播

C. 熟人介绍　　　　　　　　D. 招聘会

E. 其他_____

（5）对养护岗位招聘的过程是否满意？

A. 很不满意　　　　　　　　B. 不满意

C. 一般　　　　　　　　　　D. 满意

E. 很满意

（6）主要从事哪方面的管护工作？_____

（7）每年参与管护的天数？_____天

（8）每天管护工资？_____元

（9）是否签订了长期的劳务合同？ A. 是　　　B. 否_____

（10）您理想中的管护形式？

A. 分包种树任务到各家各户　　B. 管护公司承包

C. 其他_____

5、岗位信息

林区管护工作量如何？	A. 多　B. 一般　C. 少
从事林区建设和维护是否困难？	A. 难　B. 一般　C. 易
上岗前和工作中有无职业培训？	A. 有　B. 无

续表

上岗前和工作中职业培训?	A. 多 B. 一般 C. 少
每天工作时间	
每年工作天数	
您认为工作时长是否合适?	A. 长 B. 一般 C. 短
雇佣性质	A. 非正式 B. 正式
有无岗位配套医疗保障?	A. 有 B. 无
所做工作如需劳动保护设备,有无配备?	A. 有 B. 无
有无正规的工会?	A. 有 B. 无
工作的福利待遇(免费伙食、补贴)如何?	A. 好 B. 一般 C. 不好

第二部分:(不涉及土地流转,回答 1 – 15 题)

1、您认为造林区域内公共服务设施配备(健身器材、凉亭长椅等)情况如何?

A. 很差　　　B. 差　　　C. 一般　　　D. 好　　　E. 很好

2、您希望在造林区配备哪种公共设施?(多选)

A. 公厕　　　B. 长椅　　　C. 休闲凉亭　D. 运动器材　E. 其他

3、您认为造林工程对增加休闲游憩空间的作用如何?

A. 完全没有作用　　　　　B. 没有作用

C. 有一点作用　　　　　　D. 有作用　　　E. 非常有作用

4、您认为造林工程对提高居民的环保意识作用如何？

A. 完全没有作用　　　　　B. 没有作用

C. 有一点作用　　　　　　D. 有作用　　　E. 非常有作用

5、您认为造林工程对提高交通的便利性作用如何？

A. 完全没有作用　　　　　B. 没有作用

C. 有一点作用　　　　　　D. 有作用　　　E. 非常有作用

6、您认为造林工程对空气净化作用如何？

A. 完全没有作用　　　　　B. 没有作用

C. 有一点作用　　　　　　D. 有作用　　　E. 非常有作用

7、您认为造林工程对减少噪音作用如何？

A. 完全没有作用　　　　　B. 没有作用

C. 有一点作用　　　　　　D. 有作用　　　E. 非常有作用

8、您认为造林工程防风固沙的效果如何？

A. 完全没有作用　　　　　B. 没有作用

C. 有一点作用　　　　　　D. 有作用　　　E. 非常有作用

9、您认为造林工程调节局部气温的作用如何？

A. 完全没有作用　　　　　B. 没有作用

C. 有一点作用　　　　　　D. 有作用　　　E. 非常有作用

10、您认为造林工程增加植被多样性（树种多样不单一）的作用如何？

A. 完全没有作用　　　　　B. 没有作用

C. 有一点作用　　　　　　D. 有作用　　　E. 非常有作用

11、您认为工程美化景观的作用如何？

A. 完全没有作用　　　　　B. 没有作用

C. 有一点作用　　　　　　D. 有作用　　　E. 非常有作用

12、您对造林区域内植被的管护效果是否满意?

A. 很不满意　　　　　　　　B. 不满意

C. 一般　　　　　　　　D. 满意　　　E. 很满意

13、您对造林区域内卫生状况是否满意?

A. 很不满意　　　　　　　　B. 不满意

C. 一般　　　　　　　　D. 满意　　　E. 很满意

14、您对林区内休闲步道的规划是否满意?

A. 很不满意　　　　　　　　B. 不满意

C. 一般　　　　　　　　D. 满意　　　E. 很满意

15、您认为造林工程对带动周边餐饮、旅游、服务业发展的作用如何?

A. 完全没有作用　　　　　　　　B. 没有作用

C. 有一点作用　　　　　　　　D. 有作用　　　E. 非常有作用

16、您认为造林工程对促进林下经济发展的作用如何?

A. 完全没有作用　　　　　　　　B. 没有作用

C. 有一点作用　　　　　　　　D. 有作用　　　E. 非常有作用

17、您对政府制定的补偿标准是否满意?

A. 很不满意　　　　　　　　B. 不满意

C. 一般　　　　　　　　D. 满意　　　E. 很满意

18、您理想中的补偿标准?　＿＿＿＿＿＿＿＿。

19、您对实际到手的补偿金额是否满意?

A. 很不满意　　　　　　　　B. 不满意

C. 一般　　　　　　　　D. 满意　　　E. 很满意

20、您对补偿的形式是否满意?

A. 很不满意　　　　　　　　B. 不满意

C. 一般　　　　　　　D. 满意　　E. 很满意

21、您对补偿款发放的及时性是否满意？

A. 很不满意　　　　　B. 不满意

C. 一般　　　　　　　D. 满意　　E. 很满意

22、您对补偿的公平性是否满意？（是否存在有人多拿有人少拿的情况）

A. 很不满意　　　　　B. 不满意

C. 一般　　　　　　　D. 满意　　E. 很满意

23、您对补偿款发放程序的透明性是否满意？

A. 很不满意　　　　　B. 不满意

C. 一般　　　　　　　D. 满意　　E. 很满意

24、您对政府的安置条件是否满意？（仅涉及补偿迁居的农户回答此题）

A. 很不满意　　　　　B. 不满意

C. 一般　　　　　　　D. 满意　　E. 很满意

25、您认为征收耕地后，政府对农民的医疗养老保障问题的解决情况如何？

A. 很差　　　　　　　B. 差

C. 一般　　　　　　　D. 好　　E. 很好

26、您认为造林工程占用农民耕地，向农民宣传和动员的工作如何？

A. 很差　　　　　　　B. 差

C. 一般　　　　　　　D. 好　　E. 很好

27、您认为补偿政策制定过程中征求民意的工作如何？

A. 很差　　　　　　　B. 差

C. 一般　　　　　　　　D. 好　　　　E. 很好

28、您认为征地过程中，政府对农民和政府间矛盾的调节效果如何？

　A. 很差　　　　　　　　B. 差

　C. 一般　　　　　　　　D. 好　　　　E. 很好

受访对象：＿＿＿＿＿＿＿＿＿

生态消费者对于北京平原造林
满意度的调查问卷

区、县_____ 乡/镇_____；日期_____问卷编号_____

调查员_____

亲爱的北京市民：

　　您好！

　　自 2012 年起，为了改善整个北京的居住环境，北京市政府启动了百万亩平原造林的工程，三年过去了，为了进一步了解工程带给百姓的实际效果，我们正在对普通百姓进行一项有关该工程效果满意程度的调查。请您仔细阅读问卷，做出真实的选择。本卷调查结果仅供科学研究之用，对您不会产生任何其他影响，您所填写的任何资料我们都将为您保密。对于您的支持我们表示衷心的感谢。

——北京林业大学课题组

一、基本情况表

性别	年龄	民族	受教育年限	是否为农村户口	是否为北京户口	职业（代码）	从事环保职业	月收入（代码）	住宅周边有绿化带	北京居住时间（年）	打算长期留京
				是/否	是/否		是/否		是/否		是/否

从事职业：a. 农户 b. 行政机关 c. 企业白领 d. 专业人员（医生/教师/律师）e. 自由职业 f. 个体户/小商贩 g. 商人/企业家　h. 学生 i. 其他

月收入：a. 2000 以下；b. 2000～5000；c. 5000～10000；d. 10000～20000；e. 20000 以上

二、选择题

（1）您认为环保问题是否重要？

A. 非常重要　　　　　　B. 重要

C. 一般重要　　　　　　D. 不太重要

E. 不重要

（2）您参与过环保相关的活动吗？

A. 经常参加　　　　　　B. 很少参加

C. 从未参加（a. 想参加但不了解；b. 不想参加）

（3）您认为政府组织的社会工程中各项开支是否应该公开透明？

A. 应该　　　　　　　　B. 不应该

（4）您对政府财政透明情况是否满意？

A. 满意　　　　　　　　B. 不满意

（5）总体上，您了解关于北京市平原造林工程的相关信息吗？

A. 非常了解　　　　　　B. 了解

C. 一般了解　　　　　　D. 不太了解

E. 完全不了解

（6）您愿意为北京平原造林及维护支付一点费用吗？

A. 愿意，占收入比例？ _____

B. 不愿意，主要原因是：_____

（7）造林地区或公园周围，您感觉周围温度舒适度是否有变化吗？

A. 不如以前　　　　　　B. 没怎么变好

C. 不关心　　　　　　　D. 变好一点

E. 明显变舒适

（8）造林地区或公园周围，您认为空气质量得到改善了吗？

A. 不如以前　　　　　　B. 没怎么变好

C. 不关心　　　　　　　D. 变好一点

E. 明显有变好

（9）造林地区或公园周围，您感觉风沙减少了吗？

A. 不如以前　　　　　　B. 没怎么减少

C. 不关心　　　　　　　D. 变好一点

E. 基本没什么风沙了

（10）造林地区或公园周围，您认为水源质量得到改善了吗？

A. 不如以前　　　　　　B. 没怎么变化

C. 不关心　　　　　　　D. 变好一点

E. 明显变好了

（11）造林地区或公园周围，您感觉环境是否更加安静？

A. 不如以前　　　　　　B. 没怎么变化

C. 不关心　　　　　　　D. 稍微好一点

E. 明显变好了

（12）北京大面积平原造林后，您认为城市形象得到改善了吗？

A. 不如以前 B. 没怎么改善

C. 不关心 D. 改善一点

E. 明显变好

（13）政府实施平原造林，您对政府工作形象满意吗？

A. 不如以前 B. 不太满意

C. 一般满意 D. 满意

E. 非常满意

（14）造林地区或公园周围，就业机会的增加了吗？

A. 不如以前 B. 没有增加

C. 不关心 D. 就业多了一些

E. 工作机会很多

（15）造林地区或公园周围，该地方为人们是否提供了散步的地方？

A. 不如以前 B. 散步空间变小了

C. 没什么感觉 D. 有，但空间小

E. 很多散步空间

（16）造林地区或公园周围，是否有休闲旅游等娱乐场所吗？

A. 从来没有 B. 几乎没有

C. 不关心 D. 有，人来的不多

E. 有很多，来的人也很多

（17）造林地区或公园周围，是否出现新的企业或公司？（或者其他小的商铺）

A. 全部都搬走了 B. 变少了一些

C. 没变 D. 多了一些

E. 商铺大量增加

（18）造林地区或公园周围，土地利用价值提高了吗？（土地是否更加具有商业价值）

A. 根本都不值钱　　　　B. 土地价格几乎没变

C. 不关心　　　　　　　D. 提高了一点

E. 土地贵了很多

（19）造林地区或公园周围，人流量是否增多？

A. 人变得很少　　　　　B. 变少了一些

C. 没变　　　　　　　　D. 人变多了

E. 人非常多

（20）造林地区或公园周围，景观环境变美了吗？（林区林带景观美化）

A. 非常不喜欢　　　　　B. 不太喜欢

C. 没什么变化　　　　　D. 还行

E. 非常满意

（21）造林地区或公园周围，道路质量是否满意吗？

A. 非常不满意　　　　　B. 不太满意

C. 一般满意　　　　　　D. 满意

E. 非常满意

（22）造林地区或公园周围，您认为树林间是否还能种植其他花草等？

A. 没有空间　　　　　　B. 空间不大

C. 不关心　　　　　　　D. 可以种植其他灌木

E. 林间空间很大

（23）造林地区或公园周围，您对所种植的树种满意吗？（例如柳树，杨树）

    A. 非常不满意   B. 不太满意

    C. 一般满意   D. 满意

    E. 非常满意

（24）造林地区或公园周围，您对绿化景观维护效果满意吗？（比如修剪林木，灌木）

    A. 非常不满意   B. 不太满意

    C. 一般满意   D. 满意

    E. 非常满意

（25）造林地区或公园周围，您对病虫害等防治效果满意吗？（比如打药，防蚊虫等）

    A. 非常不满意   B. 不太满意

    C. 一般满意   D. 满意

    E. 非常满意

（26）造林地区或公园周围，您对公共设施管理维护满意吗？（比如公共厕所，板凳等）

    A. 非常不满意   B. 不太满意

    C. 一般满意   D. 满意

    E. 非常满意

（27）造林地区或公园周围，您对道路维修的情况满意吗？（道路的维护）

    A. 非常不满意   B. 不太满意

    C. 一般满意   D. 满意

E. 非常满意

（28）北京大面积平原造林后，您的生态文明意识有没有提高？

A. 完全没有　　　　　　B. 没有

C. 没感觉　　　　　　　D. 有一点

E. 提高了很多

（29）您对北京进一步改善居住环境有什么好的建议？

_____。

接受调查者：_____　　　　联系方式：_____